《电气装置安装工程低压电器施工及验收规范》实施指南

周卫新　荆　津　主编

中国计划出版社

图书在版编目（C I P）数据

《电气装置安装工程 低压电器施工及验收规范》实施指南 /
周卫新,荆津主编. —北京：中国计划出版社,2015.8
ISBN 978-7-5182-0203-4

Ⅰ.①电… Ⅱ.①周…②荆… Ⅲ.①电气设备-设备安装-
工程验收-规范-中国-指南 Ⅳ.①TM05-65

中国版本图书馆 CIP 数据核字(2015)第 142658 号

《电气装置安装工程 低压电器施工及验收规范》实施指南
周卫新 荆 津 主编

中国计划出版社出版
网址：www.jhpress.com
地址：北京市西城区木樨地北里甲 11 号国宏大厦 C 座 3 层
邮政编码：100038 电话：(010) 63906433（发行部）
新华书店北京发行所发行
北京市科星印刷有限责任公司印刷

850mm×1168mm 1/32 3.25 印张 79 千字
2015 年 8 月第 1 版 2015 年 8 月第 1 次印刷
印数 1—3000 册

ISBN 978-7-5182-0203-4
定价：13.00 元

前　言

2014 年 3 月 31 日,中华人民共和国住房和城乡建设部第 368 号公告批准《电气装置安装工程　低压电器施工及验收规范》为国家标准,标准号为 GB 50254—2014,自 2014 年 12 月 1 日起实施。其中,第 3.0.16 条、第 9.0.2 条为强制性条文,必须严格执行。

《电气装置安装工程　低压电器施工及验收规范》(以下简称《规范》)的修订工作经过征集、挑选,是由业绩好、知名度高、管理水平先进的单位参与完成的,在这里要感谢中国电力科学研究院、北京建工集团有限责任公司、河南省第二建筑工程有限责任公司、广东火电工程总公司和葛洲坝集团电力有限责任公司、上海电器科学研究所(集团)有限公司、浙江正泰电器股份有限公司、常熟开关制造有限公司对《规范》修订工作给予的极大帮助和支持,各单位分别派出技术骨干参加了《规范》的修订工作,参加规范修订工作的有:周卫新、荆津、颜勇、曾红兵、柴雪峰、刘世华、周积刚、萧红卫、唐春潮、田晓。

为便于广大设计、施工、科研、学校等单位有关人员能更好地学习和应用本《规范》,《规范》的主要起草人编写了本书。

本书由三部分构成,第一部分是《电气装置安装工程　低压电器施工及验收规范》(以下简称《规范》)的编制说明,主要论述其任务来源、主要编制过程、主要技术内容及审查意见;第二部分是条文释义,对《规范》的 12 个章节和 4 个附录的条文规定进行了全面、系统地解释和说明;第三部分是附录,包括低压电器有关制造标准,低压电器按产品名称的分类,低压开关设备和控制设备使用类别举例,封闭电器的外壳防护等级,低压电器正常的使用、安装、运输条件,低压电器空气中最小电气间隙以及低压电器最小爬电距离。

请广大业内人员和读者对本书提出宝贵的意见和建议。

目 录

第一部分　编　制　说　明

1 任 务 来 源

　　本《规范》是根据中华人民共和国住房和城乡建设部《关于印发〈2009 年工程建设标准规范制订、修订计划〉的通知》（建标〔2009〕88 号）要求，由中国电力企业联合会负责，中国电力科学研究院和北京建工集团有限责任公司组织有关单位在《电气装置安装工程　低压电器施工及验收规范》GB 50254—96 的基础上修订的。

2 编 制 过 程

第一阶段:经过会议充分讨论,深入调研,广泛征求意见,完成标准大纲编制工作。

2009 年 4 月 28 日,在北京召开了由中国电力科学研究院组织的《电气装置安装工程 低压电器施工及验收规范》等六项工程建设国家标准修编预备会,提出了工程建设国家标准编制原则及相关要求。在此次会议上,编写组通过讨论,对《规范》的修编形成如下意见和建议:

1.适用范围进行适当调整;

2.增加低压电器等的相关术语;

3.增加软起动器、变频器等低压电器的相关要求;

4.补充相关低压电器基本试验要求。

2009 年 5 月 15 日,由北京建工集团有限责任公司组织召开了《电气装置安装工程 低压电器施工及验收规范》修编准备会。会议邀请了相关单位的专家参加,形成了如下意见和建议:

1.应将原规范在十几年的执行过程中,全国各地反馈的问题进行收集整理;

2.应对原规范进行"函调",了解具体使用情况,"函调"范围应兼顾新疆等边远地区,重点考虑安装单位;

3.建议组织好调研工作;

4.建议尽快确定编写大纲,应注重总体修编原则和总体设想;

5.建议将不常用或逐渐被淘汰的低压电器在本规范修订当中排在后面的章节;

6.收集相关低压电器的产品说明书等资料。

2009 年 6 月向全国近 40 家施工、监督单位发出了《电气装置

安装工程　低压电器施工及验收规范》GB 50254—96修编征询意见函,共收回反馈意见12份。

第二阶段:形成规范初稿。

2009年9月17日在北京召开编制组成立暨第一次工作会议,建设部标准定额司领导、中电联标准化中心领导及来自低压电器设计、施工、监理等企业的专家参加了本次会议。会议成立了编写组,编写组组成:中国电力科学研究院、北京建工集团有限责任公司、河南省第二建筑工程有限责任公司、广东火电工程总公司、葛洲坝集团电力有限责任公司等。会议讨论并通过了标准修订大纲、修订计划及起草分工,并对《规范》的修编形成如下意见和建议:

1. 本次修订主要是在原规范11章共71条的基础上进行修订,根据《工程建设标准编写规定》,本着使用安全、节能,鼓励采用新产品、新技术的原则进行章节及内容的调整。确定在章节排序上常用的电器、推行的电器往前排,应用较少的电器往后排。

2. 相关标准和技术文件:

《低压开关设备和控制设备　第1部分:总则》GB 14048.1—2006

《低压开关设备和控制设备　第2部分:断路器》GB 14048.2—2008

《低压开关设备和控制设备　第3部分:开关、隔离器、隔离开关及熔断器组合电器》GB 14048.3—2008

《低压开关设备和控制设备　机电式接触器和电动机起动器》GB 14048.4—2003

《低压开关设备和控制设备　第5-1部分:控制电路电器和开关元件》GB 14048.5—2001

《低压开关设备和控制设备　第4-2部分:接触器和电动机起动器 交流半导体电动机控制器和起动器(含软起动器)》GB 14048.6—2008

《低压开关设备和控制设备　辅助电器　第7－1部分：铜导体的接线端子排》GB 14048.7—2006

《低压开关设备和控制设备　辅助电器　第7－2部分：铜导体的保护导体接线端子排》GB 14048.8—2006

《低压开关设备和控制设备　第6－2部分：多功能电器（设备）控制与保护开关电器设备》GB 14048.9—2002

《低压开关设备和控制设备　第6部分：多功能电器　第1篇：自动转换开关电器》GB 14048.11—2002

《电工术语　低压电器》GB/T 2900.18—2008

《电气装置安装工程　电气设备交接试验标准》GB 50150—2006

《建筑电气工程施工质量验收规范》GB 50303—2002

注：截止到 2015 年 7 月上述标准有部分已更新，具体如下：

GB 14048.1—2006 更新为 GB 14048.1—2012；

GB 14048.4—2003 更新为 GB 14048.1—2010；

GB 14048.5—2001 更新为 GB 14048.5—2008；

GB 14048.9—2002 更新为 GB 14048.9—2008；

GB 14048.11—2002 更新为 GB 14048.11—2009。

3.《规范》修订大纲内容：

本规范拟定 12 章（在原规范 11 章基础上新增"术语"和"低压电器试验"两个章节，合并原规范中 8、9 两个章节以及对个别章节的题目做相应修订），具体如下：

（1）总则：

总则中内容比较多，按《工程建设标准编写规定》的要求进行了调整和精简，将部分条文合并至"3 基本规定"中。原总则共有 11 条，现总则中拟设 3 条，阐明了制定本规范的目的、适用及不适用范围、执行相关标准的要求。

本规范适用于交流 50Hz 或 60Hz、额定电压为 1000V 及以下，直流额定电压为 1500V 及以下且在正常条件下安装和调整试验的通用低压电器。此适用范围与新修订的国家标准《电工术语　低压电器》GB 2900.18—2008 一致。

不适用范围增加了智能化系统的设备。

（2）术语：

此章为新增内容。拟增加低压电器、断路器、开关、隔离开关、熔断器组合电器、剩余电流保护装置、接触器、起动器、软起动器、电阻器、变阻器、电磁铁、熔断器、变频器、剩余动作电流、剩余电流、电气间隙等相关术语。

（3）基本规定：

对低压电器增加了"CCC"认证的要求。"CCC"认证属于中国强制性产品认证，而低压电器大部分均在认证范围内，只有取得"CCC"认证，才能"生产、销售、使用"，故必须执行。

低压电器的安装，应符合产品技术文件的规定；当无明确规定时，宜垂直安装，其倾斜度不应大于5°。拟将"宜"改为"应"，原因：低压电器的安装应优先满足操作方便的要求，有的工程为便于接线将部分低压电器水平安装，造成了操作的极大不便。

母线与电器连接时，接触面应符合现行国家标准《电气装置安装工程　母线装置施工及验收规范》的有关规定。连接处不同相母线的最小电气间隙待定。

关于保管期限，需要进一步落实。

（4）低压断路器：

大部分条文保留，还有新增的条款。

（5）低压隔离开关、刀开关、转换开关及熔断器组合电器：

强调了开关应垂直安装，并使静触头位于上方。

强调了多级开关，各极动作应同步。

新增了"封闭式负荷开关安装，还应符合下列要求：

1）金属外壳应可靠接地；

2）进出线应穿过开关的进出线孔并加装绝缘橡胶垫圈。"

（6）家用及类似场所用电器：

依据：《电工术语　低压电器》GB/T 2900.18—2008 对原名

称"住宅电器、漏电保护器及消防电气设备"进行了修改。

依据《剩余电流动作保护装置安装及运行》GB 13955—2005，将"漏电保护器"改为"剩余电流保护装置"。

取消了原 5.0.3 火灾探测器、手动火灾报警按钮、火灾报警控制器、消防控制设备等的安装，应按现行国家标准《火灾自动报警系统施工及验收规范》GB 50166—2007 执行。

(7)低压接触器及电动机起动器：

增加了：软起动器的安装要求。

(8)控制器、继电器及行程开关：

增加了：热继电器的安装要求和变频器的安装要求。

(9)低压熔断器：

拟增加 3 个条款：

1)熔断器所处的环境温度与被保护设备的环境温度宜一致；

2)熔断器应安装在各相线上，三相电源的中性线上不得安装熔断器，而单相电源的相线、中性线上均应安装熔断器；

3)安装时应保证熔体和触刀以及触刀和刀座接触良好，熔体不应受到机械损伤。

(10)电阻器、变阻器、电磁铁、调整器：

原规范 8、9 合并。内容修编：基本保留原条文，还有新增的条文。

(11)低压电器试验：

此章为新增内容。主要内容有：低压电器绝缘电阻的测量，低压电器动作情况的检查，电压线圈动作值的校验，欠电压继电器或脱扣器，低压电器采用的脱扣器的整定，测量电阻器和变阻器的直流电阻值，低压电器交流耐压试验，剩余电流保护装置特性试验等。

(12)工程交接验收：

大部分条文保留，还有新增的条款。

4.专家主要意见和建议：

(1)根据实际情况和需要，列出强制性条文；

（2）适用及不适用范围再做斟酌；

（3）基本规定增加不应采用淘汰产品的规定；

（4）考虑增加试验表格；

（5）调研是否还有新产品需要增加。

第三阶段:形成征求意见稿。

2010 年 5 月 26 日,在浙江省温州市组织召开了《规范》第二次工作会议。

参加会议的有中国电力科学研究院、北京建工集团有限责任公司、河南省第二建筑工程有限责任公司、葛洲坝集团电力有限责任公司、广东火电工程总公司、浙江正泰电器股份有限公司、中国恩菲工程技术有限公司、北京市建筑工程质量监督总站共 10 名代表。

与会专家对浙江正泰电器股份有限责任公司正泰工业园的制造部、仪器仪表公司、KEMA 进行了调研。调研主要内容为低压电器产品,主要包括框架式断路器、塑壳断路器、微型断路器、接触器、终端类产品等的生产工艺流程,并对断路器的短路保护性能试验进行了重点考察;与会专家和以正泰集团技术中心总经理萧红卫为代表的技术团队(共 7 人)针对各类低压电器产品进行了广泛、深入的探讨和交流。与会专家对本规范初稿各章节发表了意见和建议,对标准涉及的问题进行了认真的讨论,具体意见和建议如下:

1.对编号不正确或用词有误的地方进行调整;

2.对术语中"软起动器"的定义进行了研讨并予以确定;

3.对低压电器保管期限的条款进行了修订,原期限为一年,现调整为应符合生产厂家技术文件的要求;

4.落地安装的低压电器原高度 50mm～100mm,现规定为距地面不宜小于 200mm;

5.关于电气间隙作出了如下规定:裸带电导体的电气间隙不小于与其直接相连的电器元件的电气间隙;

6. 成排或集中安装的低压电器增加了应有标识的规定；

7. 对低压断路器安装前应进行检查的内容进行了删减，并与低压断路器的安装内容进行了重新整合；

8. 低压断路器上下接线端，改为低压断路器主回路接线端，配套绝缘隔板应安装牢固；

9. 增加了断路器的飞弧距离应符合产品技术文件的要求；

10. 直流快速断路器的安装要求有待于进一步调研；

11. 第 5 章标题中的"刀开关"改为"隔离器"；

12. "多级开关"更正为"多极开关"；

13. 第 6 章题目"家用及类似场所用电器"，初步调整为"剩余电流保护装置、浪涌保护器"；

14. 需增加浪涌保护器安装要求；

15. 低压接触器起动线圈间断通电，调整为接触器线圈做通、断电试验；

16. 第 7.0.3 条真空接触器安装前，应进行检查的项目取消；

17. 第 7.0.9 条现场无法检查，故取消；

18. "软起动器设置参数时应断开电源，运行过程中不允许改变参数的设置"改为"软起动器起动过程中不允许改变参数的设置"；

19. 对按钮之间的距离进行了调整，"按钮之间的净距不宜小于 30mm"；

20. 对熔断器的选型要求进行了调整，"熔断器的选型应符合设计要求"；

21. 需对低压电气试验对照 GB 14048.1—2006 的要求进行调整和完善。

2010 年 8 月 25 日，在江苏省常熟市组织召开了《规范》第三次工作会议。

参加会议的有中国电力科学研究院、北京建工集团有限责任公司、葛洲坝集团电力有限责任公司、上海电器科学研究所(集团)有限公司、中国兵器工业集团五洲工程设计研究院、东北电建二公司、北京市建筑工程质量监督总站、常熟开关制造有限公司共10名代表。

与会专家对常熟开关制造有限公司的产品研发、制造、试验等部门进行了调研。调研主要内容为低压电器产品研发能力、生产的主要产品工艺及其制造过程、多种低压电器的试验项目;专家和以常熟开关制造有限公司副总经理潘振克为代表的技术团队(共7人)针对各类低压电器产品进行了广泛、深入的探讨和交流。与会专家及厂家有关技术负责人对本规范初稿逐条进行了讨论,对标准涉及的问题发表了意见和建议,具体如下:

1. 在总则中对本规范的适用范围的条文解释进行了调整;

2. 对术语中"软起动器"的定义进行了研讨并重新定义;

3. 电器固定增加了"不应使用塑料胀塞或木楔固定"的规定;

4. 电器的外部接线增加了拧紧力矩值的相关规定;

5. 对智能型新产品增加了规定;

6. 取消了封闭式负荷开关的相关内容;

7. 取消了剩余电流动作保护装置在特殊环境中使用的要求,因在总则中已体现要求;

8. 浪涌保护器安装内容应进行进一步完善;

9. 第7章名称调整为"低压接触器、电动机起动器及变频器",增加了变频器安装的相关内容;

10. 第8章名称调整为"控制开关";

11. 瓷插式熔断器是否属于淘汰产品待搜集资料后落实;

12. 取消了第11.0.5条;

13. 增加了"具有试验按钮的低压电器,应操作试验按钮进行动作试验"的规定;

14. 增加了附录D"低压断路器接线端子和易接近部件的温升极限值"。

第四阶段:形成送审稿。

在形成了征求意见稿后,在国家工程建设标准化信息网上公示征求意见。同时向全国 100 多家设计、施工、运行、监理、监督中心站等单位征求意见,反馈意见共 41 条。通过工作会讨论,采纳了 20 条,不采纳的 21 条。

2011 年 2 月 24 日,在广东省广州市组织召开了国家标准《规范》修订编写组第四次工作会议。

参加会议的有中国电力企业联合会标准化中心、中国电力科学研究院、北京建工集团有限责任公司、上海电器科学研究所(集团)有限公司、广东火电工程总公司、河南省第二建筑工程有限责任公司、北京市建筑工程质量监督总站、浙江正泰电器股份有限公司共 10 名代表。

2 月 24 日及 25 日,与会专家对《规范》征求意见稿及返回意见汇总表中采纳、不采纳及待定的意见逐条进行了讨论,对标准涉及的问题提出了意见和建议,具体如下:

1. 属于强制性内容的应尽量独立成条;

2. 口语化的表述应避免,用词要严谨;

3. 对修改的条款应有针对性说明;

4. 条文明确的可不必再进行说明;

5. 附录 A、B、C、D 应补充英文名称;

6. 规范总则中不适用范围增加了特殊环境的内容;

7. 3.0.4 强制性条文改为普通条款,并纳入 3.0.3;

8. 3.0.13 中第 6 款改为普通条款;

9. 3.0.17 强制性条文进行修改,不引用 GB 50196,直接明确规定;

10. 4.0.2 条款改为强制性条文;

11. 7.0.9 中的第 2 款、第 5 款改为普通条款;

12. 9.0.2 强制性条文进行调整。

3 主要技术内容

本规范由 12 章和 4 个附录组成。在修订过程中,编制组通过调查研究和专题研讨,并依据现行低压电器的有关标准原规范的内容和章节进行了修订,与原规范相比较,主要修订内容为:

1. 增加了"术语"、"试验"两个章节。

2. 原规范中的第 4 章"低压隔离开关、刀开关、转换开关及熔断器组合电器"修订为"开关、隔离器、隔离开关及熔断器组合电器"。

3. 原规范中的第 5 章"住宅电气、漏电保护器及消防电气设备"修订为"剩余电流动作保护装置、电涌保护器"。

4. 原规范中的第 6 章"低压接触器及电动机起动器"修订为"低压接触器、电动机起动器及变频器"。

5. 原规范中的第 7 章"控制器、继电器及行程开关"调整为"控制开关"。

6. 原规范中的第 8 章"电阻器及变阻器"和第 9 章"电磁铁"合并后成为本规范的第 10 章"电阻器、变阻器、电磁铁"。

7. 增加"附录 A 螺纹型接线端子的拧紧力矩"、"附录 B 接线端子的温升极限值"、"附录 C 易接近部件的温升极限值"、"附录 D 低压断路器接线端子和易接近部件的温升极限值"。

4 审 查 意 见

《规范》送审稿审查会于 2011 年 4 月 20 日在江苏省苏州市召开。会议由中国电力企业联合会标准中心朱志强主持,住房和城乡建设部标准定额司梁锋副处长等参加了审查会。会议成立了以傅慈英总工为主任委员、陈发宇主任为副主任委员的 11 位专家组成的审查委员会(见下表)。

《规范》送审稿审查委员会专家名单

序号	审查会职务	姓名	工作单位	职务/职称
1	主任委员	傅慈英	浙江省工业设备安装集团有限公司	总工/教授级高工
2	副主任委员	陈发宇	中国工程建设标准化协会	高工
3	委员	王振生	北京市建筑工程安全质量监督总站	副总工/高工
4	委员	孙关福	东北电建二公司	高工
5	委员	谢振苗	宁波建工股份有限公司	总工/教授级高工
6	委员	刘文山	北京住总集团有限责任公司	副处长/高工
7	委员	萧宏	北京城乡建设集团有限责任公司	高工
8	委员	吴月华	中国建筑一局(集团)有限公司	总工/教授级高工
9	委员	刘页语	中国航空工业规划建设发展有限公司	主任工/高工
10	委员	郑卫红	北京光华建设监理有限公司	副总工/高工
11	委员	王玉明	湖南省电力建设监理公司	总监/高工

审查会议由傅慈英主任委员、陈发宇副主任委员主持。审查委员会听取了编写组关于《规范》送审稿编写过程及主要修订内容的说明,并对《规范》进行了逐条的讨论和审查,形成了如下审查意见:

1. 编写组提供的审查资料齐全,编写程序、内容符合《工程建设标准编写规定》。

2.本《规范》规定了交流 50Hz 或 60Hz、额定电压为 1000V 及以下,直流额定电压为 1500V 及以下通用低压电器的施工及验收。对近年来出现的新产品的施工及验收作出了规定,对原规范的部分内容进行了整合,增加了"术语"和"试验"两章内容,删除了原规范中与目前技术发展不相一致的条款。本《规范》的技术指标先进、合理,能对低压电器的施工及验收起到规范和指导作用。

3.本《规范》符合国家的相关技术经济政策,与相关的标准内容协调一致。

4.本《规范》内容完整,规定的技术指标具体,要求明确,具有较强的可操作性。

5.本《规范》总体上达到了国内领先水平。

6.确认第 3.0.16 条、第 4.0.2 条、第 9.0.2 条为强制性条文。

7.本《规范》以下内容希望编写组进行考虑和修改:

(1)前言中增加了附录 A、B、C、D,应写明附录 A、B、C、D 的相应名称;

(2)总则中适用范围的落脚点不应是低压电器,应是低压电器的安装与验收;

(3)强制性条文第 3.0.16 条中的"不允许利用安装螺栓做接地"不应作强制性条文内容;

(4)第 4.0.1 条中的 2、3、4 款宜作为低压断路器安装后应检查的内容;

(5)第 12 章"验收"中应明确低压电器的检查数量。

审查委员会专家一致同意《规范》送审稿通过审查,请编写组按照审查委员会的审查意见进行修改后,尽快形成报批稿上报。

第二部分 条 文 释 义

1 总　　则

1.0.1　为保证低压电器的安装质量,促进施工安装技术进步,确保设备安装后的安全运行,制定本规范。

【释义】

　　本条明确了制定本规范的目的。

1.0.2　本规范适用于交流 50Hz 或 60Hz、额定电压为 1000V 及以下,直流额定电压为 1500V 及以下通用低压电器的安装与验收。不适用于:

　　1　无需固定安装的家用电器、电工仪器仪表及成套盘、柜、箱上电器的安装与验收;

　　2　特殊环境下的低压电器的安装与验收。

【释义】

　　此适用范围与现行国家标准《电工术语　低压电器》GB/T 2900.18—2008 相一致,将原规范中的"交流 50Hz、额定电压 1200V"改为"交流 50Hz 或 60Hz、额定电压为 1000V"。这些通用低压电器系直接安装在建筑物或设备上的,与成套盘、柜内的电气设备安装和验收不同。盘、柜上的电器安装和验收,应符合有关规程、规范的规定。

　　特殊环境下的低压电器(如防爆电器、热带型、高原型、化工防腐型等)的安装尚应符合相应国家现行标准的有关规定。

1.0.3　低压电器的施工及验收除应符合本规范外,尚应符合国家现行有关标准的规定。

【释义】

　　为避免与国家现行及新标准相矛盾或冲突,故作此原则性规定。

2 术 语

2.0.1 低压电器　low-voltage apparatus

用于交流 50Hz 或 60Hz、额定电压为 1000V 及以下,直流额定电压为 1500V 及以下的电路中起通断、保护、控制或调节作用的电器。

【释义】

本术语直接引自现行国家标准《电工术语　低压电器》GB/T 2900.18—2008。

2.0.2 断路器　circuit-breaker

能接通、承载以及分断正常电路条件下的电流,也能在所规定的非正常电路下接通、承载和分断电流的一种机械开关电器。

【释义】

本术语直接引自现行国家标准《低压开关设备和控制设备 第 2 部分:断路器》GB 14048.2—2008/IEC 60947—2:2006。本术语中"非正常电路下接通、承载和分断电流的一种机械开关电器"。非正常电路是指例如短路等情况;承载是指在一定时间内承载。

2.0.3 开关　switch

在正常电路条件下,能够接通、承载和分断电流,并在规定的非正常电路条件下,能在规定的时间内承载电流的一种机械开关电器。

【释义】

本术语直接引自现行国家标准《低压开关设备和控制设备 第 3 部分:开关、隔离器、隔离开关以及熔断器组合电器》GB 14048.3—2008/IEC 60947—3:2005。本规范所指的"开关"是"机械开关电器"的一种。开关可以接通但不能分断短路电流。

2.0.4　隔离器　disconnector

在断开状态下能符合规定的隔离功能要求的机械开关电器。

【释义】

本术语直接引自现行国家标准《低压开关设备和控制设备 第3部分:开关、隔离器、隔离开关以及熔断器组合电器》GB 14048.3—2008/IEC 60947—3:2005。隔离器也是"机械开关电器"的一种。

2.0.5　隔离开关　switch-disconnector

在断开状态下能符合隔离器的隔离要求的开关。

【释义】

本术语直接引自现行国家标准《低压开关设备和控制设备 第3部分:开关、隔离器、隔离开关以及熔断器组合电器》GB 14048.3—2008/IEC 60947—3:2005。

2.0.6　熔断器组合电器　fuse-combination unit

将一个机械开关电器与一个或数个熔断器组装在同一个单元内的组合电器。

【释义】

本术语直接引自现行国家标准《低压开关设备和控制设备 第3部分:开关、隔离器、隔离开关以及熔断器组合电器》GB 14048.3—2008/IEC 60947—3:2005。

2.0.7　剩余电流保护器(RCD)　residual current device

在正常运行条件下能接通、承载和分断电流,以及在规定条件下当剩余电流达到规定值时能使触头断开的机械开关电器。

【释义】

本术语参考了《剩余电流动作保护装置安装和运行》GB 13955—2005 和《剩余电流动作保护器的一般要求》GB/Z 6829—2008。

2.0.8　电涌保护器(SPD)　surge protective device

限制瞬态过电压和泄放电涌电流的电器,它至少包含一非线性的元件。也称为浪涌保护器。

本术语直接引自现行国家标准《电工术语 低压电器》GB/T 2900.18—2008。

2.0.9 接触器 contactor

仅有一个休止位置,能接通、承载和分断正常电路条件下的电流的非手动操作的机械开关电器。

本术语直接引自现行国家标准《电工术语 低压电器》GB/T 2900.18—2008。

2.0.10 起动器 starter

起动与停止电动机所需的所有接通、分断方式的组合电器,并与适当的过载保护组合。

本术语直接引自现行国家标准《电工术语 低压电器》GB/T 2900.18—2008。

2.0.11 软起动器 soft starter

一种特殊形式的交流半导体电动机控制器,其起动功能限于控制电压和(或)电流上升,也可包括可控加速;附加的控制功能限于提供全电压运行。软起动器也可提供电动机的保护功能。

本术语引自现行国家标准《低压开关设备和控制设备 第4-2部分:接触器和电动机起动器 交流半导体电动机控制器和起动器(含软起动器)》GB 14048.6—2008/IEC 60947—4—2:2002。

2.0.12 变频器 frequency converter

是一种用来改变交流电频率的电气设备。此外,它还具有改变交流电电压的辅助功能。

根据变频器的特点给出的定义。

2.0.13 电阻器 resistor

由于它的电阻而被使用的电器。

由于限制调整电路电流或将电能转变为热能等用途的电器。

【释义】

本术语直接引自现行国家标准《电工术语 低压电器》GB/T 2900.18—2008。

2.0.14 变阻器 rheostat

由电阻材料制成的电阻元件或部件和转换装置组成的电器，可在不分断电路的情况下有级地或均匀地改变电阻值。

【释义】

本术语直接引自现行国家标准《电工术语 低压电器》GB/T 2900.18—2008。

2.0.15 电磁铁 electromagnet

需要电流来产生并保持磁场的磁铁。

由线圈和铁芯组成，通电时产生吸力将电磁能转变为机械能来操作，牵引某机械装置或铁磁性物体，以完成预期目标的电器。

【释义】

本术语直接引自现行国家标准《电工术语 低压电器》GB/T 2900.18—2008。

2.0.16 熔断器 fuse

当电流超过规定值足够长的时间后，通过熔断一个或几个特殊设计的相应部件，断开其所接入的电路并分断电源的电器。熔断器包括组成完整电器的所有部件。

【释义】

本术语直接引自现行国家标准《低压开关设备和控制设备 第1部分：总则》GB 14048.1—2008。

2.0.17 电气间隙 clearance

两个导电部件间最短的直线距离。

【释义】

本术语直接引自现行国家标准《电工术语 低压电器》

GB/T 2900.18—2008。

2.0.18 剩余电流 residual current

流过剩余电流保护器主回路的电流瞬时值的矢量和。

【释义】

本术语直接引自现行国家标准《剩余电流动作保护装置安装和运行》GB 13955—2005。

2.0.19 剩余动作电流 residual operating current

使剩余电流保护器在规定条件下动作的剩余电流值。

【释义】

本术语直接引自现行国家标准《剩余电流动作保护装置安装和运行》GB 13955—2005。

3 基 本 规 定

3.0.1 低压电器的安装与验收应按已批准的设计文件执行。

【释义】

强调先设计,后施工的基本原则,而且设计文件应是已批准的。

3.0.2 低压电器的保管应符合产品技术文件的要求。

【释义】

妥善保管设备和材料,以防其性能改变、质量变劣,是工程建设的重要环节之一,因此设备的保管及期限应符合生产厂家产品技术文件的要求。

3.0.3 采用的低压电器设备和器材均应有合格证明文件;属于"CCC"认证范围的设备,应有认证标识及认证证书;设备应有铭牌;不应采用国家明令禁止的电器设备。

【释义】

凡未经国家相关部门鉴定合格的设备或不符合国家现行技术标准(包括国家标准和行业或地方标准)的原材料、半成品、成品和设备,均不得使用和安装。"CCC"认证属于中国强制性产品认证,而低压电器大部分均在认证范围内,故应执行。

国家相关部门会定期公布强制性淘汰产品目录,推广采用安全可靠、高效节能产品,减少能源消耗,保证人身和设备安全,因此不应采用国家明令禁止的低压电器设备。

3.0.4 低压电器设备和器材到达现场后应及时进行检查验收,并应符合下列规定:

1 包装和密封应完好。

2 技术文件应齐全,并有装箱清单。

3 按装箱清单检查清点,型号、规格应符合设计要求;附件、备件应齐全。

4 外观应完好,无破损、变形等现象。

【释义】

低压电器设备和器材事先做好检查验收工作,是为顺利施工提供良好条件。

1 首先检查包装和密封应完好。对有防潮要求的包装应及时检查,发现问题及时处理,以防受潮影响施工。

2 每台设备出厂时,应附有产品合格证明书、安装使用说明书,复杂设备带有试验记录和装箱清单等。

3 按装箱清单进行清点,以验证电器、器材及附件、备件是否与清单相符,如有出入,应做好记录。

4 外观如有破损或变形,应及时发现,否则可能会影响正常使用。

3.0.5 施工中的安全技术措施应符合产品技术文件的要求。

【释义】

为保证施工人员的人身安全和设备安全,施工中应采取相应的安全措施,严格执行国家现行的有关安全技术标准及产品技术文件的要求。

3.0.6 与低压电器安装有关的建筑工程的施工应符合下列规定:

1 与低压电器安装有关的建筑物、构筑物的建筑工程质量应符合现行国家标准《建筑工程施工质量验收统一标准》GB 50300的有关规定。当设备或设计有特殊要求时,尚应符合其要求。

2 低压电器安装前,建筑工程应具备下列条件:

1)屋顶、楼板应施工完毕,不应渗漏;

2)对电器安装有妨碍的模板、脚手架等应拆除,场地应清扫干净;

3)房间的门、窗、地面、墙壁、顶棚应施工完毕;

4)设备基础和构架应达到允许设备安装的强度,基础槽钢应固定可靠；

　　5)预埋件及预留孔的位置和尺寸应符合设计要求,预埋件应牢固。

　　3　设备安装完毕,投入运行前,建筑工程应符合下列规定：

　　1)运行后无法进行的和影响安全运行的施工工作应完毕。

　　2)施工中造成的建筑物损坏部分应修补完整。

【释义】

　　为了避免现场施工混乱,加强施工的管理,实行文明施工,本条提出低压电器安装前,有关的建筑工程应具备的一些具体要求,以便给安装工作创造一个良好的施工条件,这对保证低压电器的安装质量非常重要,因此协调电气安装与土建施工的关系是很重要的。

3.0.7　低压电器安装前的检查应符合下列规定：

　　1　设备铭牌、型号、规格应与被控制线路或设计相符；

　　2　外壳、漆层、手柄应无损伤或变形；

　　3　内部仪表、灭弧罩、瓷件等应无裂纹或伤痕；

　　4　紧固件应无松动；

　　5　附件应齐全、完好。

【释义】

　　这些规定是必要的检查程序。首先应检查验证设备的规格、型号是否与设计及被控线路相符,其次低压电器经过运输、搬运,有可能损坏,尤其易碎易损件(如瓷座、灭弧罩、绝缘底板等),为确保安装质量,排除隐患,保证安全运行,故在安装前应进行检查。

3.0.8　低压电器的安装环境应符合产品技术文件的要求；当环境超出规定时,应按产品技术文件要求考虑降容系数。

【释义】

　　低压电器的安装通常与周围空气温度、相对湿度、海拔、污染等级等环境因素有关,因此,应按产品技术文件的要求进行核对。当环境超出规定时,应按该产品技术文件的要求进行降容使用。

3.0.9 低压电器的安装高度应符合设计规定；当设计无规定时，应符合下列规定：

1 低压电器的底部距离地面不宜小于 200mm；

2 操作手柄转轴中心与地面的距离宜为 1200mm～1500mm,侧面操作的手柄与建筑物或设备的距离不宜小于 200mm。

【释义】

对安装高度提出的要求主要是考虑防止低压电器被水浸泡及接线方便。

对侧面有操作手柄的电器,为了便于操作和维修,特规定手柄和建筑物的距离不宜小于 200mm。

3.0.10 低压电器的安装应符合产品技术文件的要求；当无明确规定时,宜垂直安装,其倾斜度不应大于 5°。

【释义】

低压电器通常为垂直安装,但近年来由于有的低压电器,如低压断路器性能的改善,有的是允许水平安装的,为此本条不作硬性规定。但低压电器的安装应优先满足操作方便的要求,有的工程为便于接线将部分低压电器水平安装,造成了操作的极大不便,因此,在正常情况下应垂直安装。

3.0.11 低压电器的固定应符合下列规定：

1 低压电器根据其不同的结构,可采用支架、金属板、绝缘板固定在墙、柱或其他建筑构件上。金属板、绝缘板应平整；当采用卡轨支撑安装时,卡轨应与低压电器匹配,不应使用变形或不合格的卡轨。

2 当采用膨胀螺栓固定时,应按产品技术要求选择螺栓规格；其钻孔直径和埋设深度应与螺栓规格相符；不应使用塑料胀塞或木楔固定。

3 紧固件应采用镀锌制品或厂家配套提供的其他防锈制品,螺栓规格应选配适当,电器的固定应牢固、平稳。

4 有防振要求的电器应增加减振装置,其紧固螺栓应有防松措施。

5 固定低压电器时,不得使电器内部受额外应力。

【释义】

低压电器虽然种类很多,但其安装固定的基本要求是有共性的,其安装应牢固。在电气装置安装工程中,设备的"固定"是一个很普通的要求,但又是一个很重要的要求。设备的固定方式大致有如条文所列的几种,故对不同的固定方式提出了具体要求。

3.0.12 电器的外部接线应符合下列规定:

1 接线应按接线端头标识进行;

2 接线应排列整齐、美观,导线绝缘应良好、无损伤;

3 电源侧进线应接在进线端,负荷侧出线应接在出线端;

4 电器的接线应采用有金属防锈层或铜质的螺栓和螺钉,并应有配套的防松装置,连接时应拧紧,拧紧力矩值应符合产品技术文件的要求,且应符合本规范附录 A 的规定;

5 外部接线不得使电器内部受到额外应力;

6 裸带电导体与电器连接时,其电气间隙不应小于与其直接相连的电器元件的接线端子的电气间隙;

7 具有通信功能的电器,其通信系统接线应符合产品技术文件的要求。

【释义】

对低压电器的外部接线提出的基本要求。

1 应按低压电器产品的接线标识进行正确接线,否则可能影响其正常运行甚至造成损坏。

3 通常电源侧的导线接在进线端,即固定触头接线端,负荷侧导线接在出线端,即可动触头接线端,为了安全,断电后,以负荷侧不带电为原则。否则,应经设计确认。

4 电器的接线螺栓及螺钉的防锈层,系指镀锌、镀铬等金属防护层。电器接线拧紧力矩值应符合产品技术文件的要求且符合附录 A 的规定,目的是连接可靠且不损坏接线端子。如果拧紧力矩值小于规定值,会造成压接不实,压接点过热;如大于规定值,可能造成压接点变形使内部器件受额外应力。两种情况都可能影响电器的正常运行。

6 电气间隙过小,易引发短路事故。

7 具有通信功能的电器,其通信系统接线应符合产品技术文件的规定。另外,其通信线应与强电线路分开,避免干扰。

3.0.13 成排或集中安装的低压电器应排列整齐,标识清晰;器件间的距离应符合设计要求。

【释义】

强调对成排或集中安装的低压电器安装时的要求。标识清晰是为了防止误操作。

3.0.14 家用及类似场所用电器的安装高度应符合设计要求;当设计无要求时,其底部高度不应低于 1.8m,在其明显部位应设置警告标志。

【释义】

本条是为了确保安全运行、防止乱动设备、提醒人们注意带电设备,避免电击事故的发生。

3.0.15 室内使用的低压电器在室外安装时,应有防雨、雪等有效措施。

【释义】

对安装在室外的低压电器提出要求。不是所有的低压电器都有户外型,为此本条的目的是不排除室内低压电器装于户外的可能,只要满足有防雨、雪等的有效措施是可以使用的。

3.0.16 需要接地的电器金属外壳、框架必须可靠接地。

【释义】

当电气设备故障致使其金属外壳、框架带电,极易造成人身电击事故,因此电器的金属外壳、框架的接地必须可靠,不应利用安装螺栓作接地,因为可靠接地应符合永久连续的基本原则,接地端子或螺栓应专用。本条为强制性条文。

3.0.17 低压电器的安装应便于操作及维护。

【释义】

低压电器安装的基本原则。

3.0.18 设备安装完毕投入运行前,应做好防护、清理工作。

【释义】

投入运行前应清除落于电器设备上的杂物及灰尘,以保证安全。

4 低压断路器

4.0.1 低压断路器安装前应进行下列检查：

    1 一次回路对地的绝缘电阻应符合产品技术文件的要求；

    2 抽屉式断路器的工作、试验、隔离三个位置的定位应明显，并应符合产品技术文件的要求；

    3 抽屉式断路器抽、拉数次应无卡阻，机械联锁应可靠。

【释义】

    用兆欧表检查一次回路对地的绝缘电阻，应符合产品技术文件的要求，一般不应小于 $10M\Omega$，否则，应进行干燥处理。

4.0.2 低压断路器的安装应符合下列规定：

    1 低压断路器的飞弧距离应符合产品技术文件的要求；

    2 低压断路器主回路接线端配套绝缘隔板应安装牢固；

    3 低压断路器与熔断器配合使用时，熔断器应安装在电源侧。

【释义】

    低压断路器安装应符合的规定。

    1 为保证安全，断路器的飞弧距离应满足厂家产品技术文件的要求。

    2 安装绝缘隔板并固定牢固有利于防止相间短路事故的发生。

    3 当断路器发生短路等故障或性能较差，不能切断故障电流时，熔断器可以起到有效的保护作用；熔断器安装在电源侧也可为检修提供方便，只需将熔断器取下，呈现明显断开点即可。

4.0.3 低压断路器的接线应符合下列规定：

    1 接线应符合产品技术文件的要求；

2 裸露在箱体外部且易触及的导线端子应加绝缘保护。

【释义】

低压断路器的接线应符合下列规定：

1 在短路分断的情况下，断路器上进线时动触头上没有恢复电压的作用，分断条件较好；下进线时动触头上有恢复电压，分断条件较严酷，有可能导致相间击穿短路。原因在于动触头多半是利用一公共轴联动，且其后紧接着软连接和脱扣器，如果它们之间由于短路断开时，会产生电离气体或导电灰尘而使得绝缘下降，就容易造成相间短路。因此，下进线时的短路分断能力一般都有所下降。只有在产品设计时充分考虑了这些因素的产品，断路器上进线和下进线时的短路分断能力才相等。因此，具体接线应符合产品技术文件的要求。

2 塑料外壳断路器在盘、柜外单独安装时，由于接线端子裸露在外部很不安全，为此在露出的端子部位应做绝缘保护。

4.0.4 低压断路器安装后应进行下列检查：

1 触头闭合、断开过程中，可动部分不应有卡阻现象。

2 电动操作机构接线应正确；在合闸过程中，断路器不应跳跃；断路器合闸后，限制合闸电动机或电磁铁通电时间的联锁装置应及时动作；合闸电动机或电磁铁通电时间不应超过产品的规定值。

3 断路器辅助接点动作应正确可靠，接触应良好。

【释义】

合闸电动机或电磁铁通电时间不应超过产品的规定值，否则可能烧毁绕组或线圈。

4.0.5 直流快速断路器的安装、调整和试验尚应符合下列规定：

1 安装时应防止断路器倾倒、碰撞和激烈振动，基础槽钢与底座间应按设计要求采取防振措施。

2 断路器与相邻设备或建筑物的距离不应小于500mm。当不能满足要求时，应加装高度不小于断路器总高度的隔弧板。

3 在灭弧室上方应留有不小于 1000mm 的空间；当不能满足要求时，在 3000A 以下断路器的灭弧室上方 200mm 处应加装隔弧板；在 3000A 及以上断路器的灭弧室上方 500mm 处应加装隔弧板。

4 灭弧室内绝缘衬垫应完好，电弧通道应畅通。

5 触头的压力、开距、分断时间及主触头调整后灭弧室支持螺杆与触头间的绝缘电阻应符合产品技术文件的要求。

6 直流快速断路器的接线应符合下列规定：

　1）与母线连接时，出线端子不应承受附加应力；

　2）当触头及线圈标有正、负极性时，其接线应与主回路极性一致；

　3）配线时应使控制线与主回路分开。

7 直流快速断路器的调整和试验应符合下列规定：

　1）轴承转动应灵活，并应涂以润滑剂；

　2）衔铁的吸、合动作应均匀；

　3）灭弧触头与主触头的动作顺序应正确；

　4）安装后应按产品技术文件要求进行交流工频耐压试验，不得有闪络、击穿现象；

　5）脱扣装置应按设计要求进行整定值校验，在短路或模拟短路情况下合闸时，脱扣装置应动作正确。

【释义】

安装直流快速断路器除执行上面有关条文外，还应符合下列特殊规定。

1 直流断路器较重，吸合时动作力较大，故需采取防振措施。

2 直流快速断路器在整流装置中作为短路、过载和逆流保护用的场合较多，为了安装上的需要，根据产品技术说明书的规定，提出了对距离的要求。

3 直流快速断路器喷弧范围大，为此本款规定在断路器上方应有安全隔离措施，无法达到时，则在 3000A 以下断路器的灭弧室上方 200mm 处加装隔弧板；3000A 及以上在上方 500mm 处加装隔弧板。

 6 有极性的直流快速断路器如接错线，会造成断路器误动作或拒绝动作。

5 开关、隔离器、隔离开关及熔断器组合电器

5.0.1 开关、隔离器、隔离开关的安装应符合产品技术文件的要求;当无要求时,应符合下列规定:

1 开关、隔离器、隔离开关应垂直安装,并应使静触头位于上方。

2 电源进线应接在开关、隔离器、隔离开关上方的静触头接线端,出线应接在触刀侧的接线端。

3 可动触头与固定触头的接触应良好,触头或触刀宜涂电力复合脂。

4 双投刀闸开关在分闸位置时,触刀应可靠固定,不得自行合闸。

5 安装杠杆操作机构时,应调节杠杆长度,使操作到位且灵活;辅助接点指示应正确。

6 动触头与两侧压板距离应调整均匀,合闸后接触面应压紧,触刀与静触头中心线应在同一平面,且触刀不应摆动。

7 多极开关的各极动作应同步。

【释义】

本条为开关、隔离器、隔离开关安装应符合的基本规定。

1 当静触头位于下方,触刀拉开时,如果铰链支座松动,触刀等运动部件可能会在自重作用下向下掉落,同静触头接触,发生误动作造成事故。

2 如果电源进线接反,在更换熔体等操作时易发生电击事故。

3 大电流开关由于操作力大,触头或刀片的磨损也大,为此一些产品技术文件要求适当加些电力复合脂以延长使用年限。

7 如果不同步,可能发生电动机缺相运行而烧毁的事故。

5.0.2 直流母线隔离开关安装,应符合下列规定:

1 垂直或水平安装的母线隔离开关,其触刀均应位于垂直面上;在建筑构件上安装时,触刀底部与基础之间的距离,应符合设计或产品技术文件的要求。当无要求时,不宜小于50mm。

2 刀体与母线直接连接时,母线固定端应牢固。

【释义】

本条是根据了解到的产品的技术文件要求确定的。

5.0.3 转换开关和倒顺开关安装后,其手柄位置指示应与其对应接触片的位置一致;定位机构应可靠;所有的触头在任何接通位置上应接触良好。

【释义】

本条为转换开关和倒顺开关安装的基本要求。

5.0.4 熔断器组合电器接线完毕后,检查熔断器应无损伤,灭弧栅应完好,且固定可靠;电弧通道应畅通,灭弧触头各相分闸应一致。

【释义】

强调安装后对熔断器组合电器的熔断器及灭弧栅进行检查,以确保其可靠灭弧。

6 剩余电流保护器、电涌保护器

6.0.1 剩余电流保护器的安装应符合下列规定：

1 剩余电流保护器标有电源侧和负荷侧标识时，应按产品标识接线，不得反接；

2 剩余电流保护器在不同的系统接地形式中应正确接线，应严格区分中性线（N线）和保护线（PE线）；

3 带有短路保护功能的剩余电流保护器安装时，应确保有足够的灭弧距离，灭弧距离应符合产品技术文件的要求；

4 剩余电流保护器安装后，除应检查接线无误外，还应通过试验按钮和专用测试仪器检查其动作特性，并应满足设计要求。

【释义】

本条是安装剩余电流保护器的基本规定。

1 对需要有控制电源的剩余电流保护器，其控制电源取自主回路，当剩余电流保护器断电后加在电压线圈的电源应立即断开，如将电源侧与负荷侧接反即将开关进、出线接反，即使剩余电流动作保护装置断开，仍有电压加在电压线圈上，可能将电压线圈烧毁。

2 剩余电流保护器在不同的接地形式（TT、TN－C、TN－C－S、TN－S）中，有不同的接线要求，因此接线应符合《剩余电流动作保护装置安装和运行》GB 13955 的规定。通过剩余电流保护器的 N 线，不得重复接地，如果重复接地，剩余电流保护器将合不上闸，并且保护线（PE线）不得接入剩余电流保护器。

3 带有短路保护功能的剩余电流保护器，在分断短路电流的过程中，开关电源侧排气孔会有电弧喷出，如果排气孔前方有导电性物质,则会通过导电性物质引起短路事故;如果有绝缘物质则会降低漏电开关的分断能力。因此在安装剩余电流保护器时应保证电弧喷出方向有足够的灭弧距离。

4 剩余电流保护器动作可靠方能投入使用。因此安装完毕后,应操作试验按钮,定性检验其工作特性;并采用专用测试仪定量检测其动作特性,即测试剩余动作电流值、测试分断时间。

6.0.2 电涌保护器安装前应进行下列各项检查:

1 标识:外壳标明厂名或商标、产品型号、安全认证标记、最大持续运行电压 U_c、电压保护水平 U_p、分级试验类别和放电电流参数,并应符合设计要求;

2 外观:无裂纹、划伤、变形;

3 运行指示器:通电时处于指示"正常"位置。

【释义】

本条为电涌保护器安装前基本的检查项目。

6.0.3 电涌保护器的安装应符合下列规定:

1 电涌保护器应安装牢固,其安装位置及布线应正确,连接导线规格应符合设计要求。

2 电涌保护器的保护模式应与配电系统的接地形式相匹配,并应符合制造厂相关技术文件的要求。

3 电涌保护器接入主电路的引线应尽量短而直,不应形成环路和死弯。上引线和下引线长度之和不宜超过 0.5m。

4 电涌保护器电源侧引线与被保护侧引线不应合并绑扎或互绞。

5 接线端子应压紧,接线柱、接线螺栓接触面和垫片接触应良好。

6 电涌保护器应有过电流保护装置,安装位置应符合相关标准或制造厂技术文件的要求。

7 当同一条线路上有多个电涌保护器时,它们之间的安装距离应符合相关标准或产品技术文件的要求。

【释义】

本条对电涌保护器的安装作了规定。

3 上引线是指引至相线或中性线,下引线是指引至接地。

6 电涌保护器存在着短路失效模式。短路失效的电涌保护器可能引起火灾,因此系统中应有合适的过电流保护装置将失效的电涌保护器从系统中脱离。

7 在一个系统中的一条线路上,由于被保护设备冲击耐受特性的差异和安装位置的分散以及电涌保护器的标称放电电流的限制,不是一只电涌保护器就能解决问题的;又由于各电涌保护器动作特性和响应时间的不同,在电涌侵入时各级电涌保护器不一定按预期的要求动作,其后果是达不到预定的保护效果,严重的会出现爆炸、起火等事故。因此,需要考虑多个电涌保护器之间的级间配合。通过安装距离的控制是确保多级电涌保护器间实现能量配合的最有效方法。

7 低压接触器、电动机起动器及变频器

7.0.1 低压接触器及电动机起动器安装前的检查应符合下列规定：

1 衔铁表面应无锈斑、油垢，接触面应平整、清洁，可动部分应灵活无卡阻。

2 触头的接触应紧密，固定主触头的触头杆应固定可靠。

3 当带有常闭触头的接触器及电动机起动器闭合时，应先断开常闭触头，后接通主触头；当断开时应先断开主触头，后接通常闭触头，且三相主触头的动作应一致。

4 电动机起动器保护装置的保护特性应与电动机的特性相匹配，并应按设计要求进行定值校验。

【释义】

本条是低压接触器和电动机起动器在安装前检查时所应达到的要求，为以后能够顺利的试运行创造了条件，故此也是最基本的要求。

1 制造厂为了防止铁芯生锈，出厂时在接触器或起动器等电磁铁的铁芯面上涂以较稠的防锈油脂，在通电前必须清除，以免油垢粘住而造成接触器在断电后仍不返回。

7.0.2 低压接触器和电动机起动器安装完毕后应进行下列检查：

1 接线应符合产品技术文件的要求；

2 在主触头不带电的情况下，接触器线圈做通、断电试验，其操作频率不应大于产品技术文件的要求，主触头应动作正常，衔铁吸合后应无异常响声。

【释义】

接触器线圈做通、断电试验，若操作频率大于产品技术文件的规定，可能会烧毁线圈。

7.0.3 真空接触器安装前应进行下列检查：

1 可动衔铁及拉杆动作应灵活可靠、无卡阻；

2 辅助触头应随绝缘摇臂的动作可靠动作，且触头接触应良好；

3 按产品技术文件要求检查真空开关管的真空度。

【释义】

真空开关管的真空度应按产品技术文件规定的要求和方法进行检查。

7.0.4 真空接触器的接线应符合产品技术文件的要求，接地应可靠。

7.0.5 可逆起动器或接触器，电气联锁装置和机械连锁装置的动作均应正确、可靠。

【释义】

可逆起动器或接触器，除有电气联锁外尚有机械联锁，要求此两种联锁动作均应可靠，防止正、反向同时动作，同时吸合将会造成电源短路，烧毁电器及设备。

7.0.6 星三角起动器的检查、调整应符合下列规定：

1 起动器的接线应正确，电动机定子绕组正常工作应为三角形接线；

2 手动操作的星三角起动器应在电动机转速接近运行转速时进行切换，自动转换的起动器应按电动机负荷要求正确调整延时装置。

【释义】

星三角起动器是起动器中较为常用的电器，改变电动机接法才能达到降低电压起动的效果，本条为检查其接法和转换时的要求。

7.0.7 自耦减压起动器的安装、调整应符合下列规定：

1 起动器应垂直安装；

2 减压抽头在 $65\%\sim80\%$ 的额定电压下应按负荷要求进行调整，起动时间不得超过自耦减压起动器允许的起动时间。

本条为自耦减压起动器的安装及调整要求。

2 自耦减压起动器出厂时,其变压器抽头一般接在65%额定电压的抽头上,当轻载起动时,可不必改接;如重载起动,则应将抽头改接至80%位置上。

用自耦降压起动时,电动机的起动电流一般不超过额定电流3~4倍,最大起动时间(包括一次或连续累计数)不超过2min,超过2min,按产品规定应冷却4h后方能再次起动。

7.0.8 变阻式起动器的变阻器安装后应检查其电阻切换程序、灭弧装置及起动值,并应符合设计要求或产品技术文件的要求。

本条是确保变阻式起动器正常工作,防止电动机在起动过程中定子或转子开路,影响电动机正常起动的基本要求。

7.0.9 软起动器安装应符合下列规定:

1 软起动器四周应按产品要求留有足够通风间隙;

2 软起动器应按产品说明书及标识接线正确,风冷型软起动器二次端子"N"应接中性线;

3 软起动器的专用接地端子应可靠接地;

4 软起动器中晶闸管等电子器件不应用兆欧表做绝缘电阻测试,应用数字万用表高阻档检查晶闸管绝缘情况;

5 软起动器起动过程中不得改变参数的设置。

本条规定了软起动器的安装要求:

1 有利于散热,保证软起动器安全运行。

2 软起动器应按产品说明书及标识接线正确,1/L1、3/L2、5/L3、7/L4端接电源,2/T1、4/T2、6/T3、8/T4端接电机,否则有可能烧毁软起动器;风冷型软起动器二次端子"N"如不接中性线,风扇将不能正常工作,当温度过高时,可能烧毁软起动器。

4 如用兆欧表测试绝缘电阻,可能损坏电子器件。

5 在起动过程中改变参数设置,可能损坏软起动器。

7.0.10 变频器安装应符合下列规定:

1 变频器应垂直安装;变频器与周围物体之间的距离应符合产品技术文件的要求,当无要求时,其两侧间距不应小于100mm,上、下间距不应小于150mm;变频器出风口上方应加装保护网罩;变频器散热排风通道应畅通。

2 有两台或两台以上变频器时,应横向排列安装;当必须竖向排列安装时,应在两台变频器之间加装隔板。

3 变频器应按产品技术文件及标识正确接线。

4 与变频器有关的信号线,当设计无要求时,应采用屏蔽线。屏蔽层应接至控制电路的公共端(COM)上。

5 变频器的专用接地端子应可靠接地。

【释义】

本条规定了变频器的安装要求:

1 变频器垂直安装有利于散热;变频器出风口上方加装保护网罩是为了防止异物落入。

2 横向排列安装有利于散热;在两台变频器之间加装隔板是避免下方变频器排出来的热风直接进入上方变频器内。

3 一般输入应接R、S、T端,输出应接U、V、W端,否则会在逆变管导通时引起相间短路,烧毁逆变管。

4 采用屏蔽线是为了抗干扰。

8 控制开关

8.0.1 凸轮控制器及主令控制器的安装应符合下列规定：

　　1 工作电压应与供电电源电压相符。

　　2 应安装在便于观察和操作的位置上，操作手柄或手轮的安装高度宜为 800mm～1200mm；

　　3 操作应灵活，档位应明显、准确。带有零位自锁装置的操作手柄应能正常工作。

　　4 操作手柄或手轮的动作方向宜与机械装置的动作方向一致；操作手柄或手轮在各个不同位置时，其触头的分、合顺序均应符合控制器的分、合图表的要求，通电后应按相应的凸轮控制器件的位置检查被控电动机等设备，并应运行正常。

　　5 触头压力应均匀，触头超行程不应小于产品技术文件的要求。凸轮控制器主触头的灭弧装置应完好。

　　6 转动部分及齿轮减速机构应润滑良好。

　　7 金属外壳应可靠接地。

【释义】

　　本条规定了凸轮控制器及主令控制器的安装要求：

　　1 有些系列主令控制器适用于交流，不能代替直流控制器使用，为此应检查控制器的工作电压，以免误用。

　　2 本条规定了操作手柄或手轮的高度，以便操作和观察。

　　3 有的操作手柄带有零位自锁装置，这是安全保护措施。安装完毕后应检查自锁装置能否正常工作。

　　4 为使控制对象能正常工作，应在安装完毕后检查控制器的操作手柄或手轮在不同位置时控制器触头分、合的顺序，应符合控制器的接线图，并在初次带电时再一次检查电动机的转向、速度应与控制器操作手柄位置一致,且符合工艺要求。

5 触头压力、超行程是保证可靠接触的主要参数,但它们因控制器的容量不同而各有差异;而且随着控制器本身质量不断提高,其触头压力一般不会有多大变化。为此本款只要求压力均匀(用手检查)即可,除有特殊要求外,不必测定触头压力,但要求触头超行程不小于产品技术条件的规定。

6 润滑良好的目的是使各转动部件正常工作,减少磨损,延长使用年限,故在控制器初次投入运行时,应对这些部件的润滑情况加以检查。

8.0.2 按钮的安装应符合下列规定:

1 按钮之间的净距不宜小于30mm,按钮箱之间的距离宜为50mm~100mm;

2 按钮操作应灵活、可靠、无卡阻;

3 集中在一起安装的按钮应有编号或不同的识别标志,"紧急"按钮应有明显标志,并应设保护罩。

【释义】

按钮之间的净距要求及标志是为了防止误操作。

8.0.3 行程开关的安装、调整应符合下列规定:

1 安装位置应能使开关正确动作,且不妨碍机械部件的运动;

2 碰块或撞杆应安装在开关滚轮或推杆的动作轴线上,对电子式行程开关应按产品技术文件要求调整可动设备的间距;

3 碰块或撞杆对开关的作用力及开关的动作行程均不应大于允许值;

4 限位用的行程开关应与机械装置配合调整,应在确认动作可靠后接入电路使用。

【释义】

行程开关种类很多,本条为一般常用的行程开关有共性的基本安装要求。

9 低压熔断器

9.0.1 熔断器的型号、规格应符合设计要求。

9.0.2 三相四线系统安装熔断器时，必须安装在相线上，中性线（N线）、保护中性线（PEN线）严禁安装熔断器。

【释义】

若中性线（N线）或保护中性线（PEN线）上安装了熔断器，一旦发生熔体熔断，当三相负荷不平衡时，会使中性点产生偏移，使三相电压不对称，甚至烧毁设备，因此三相四线系统安装熔断器时，必须安装在相线上。

9.0.3 熔断器安装位置及相互间距离应符合设计要求，并应便于拆卸、更换熔体。

【释义】

如果熔断器的安装位置不当或相互间距离过近，会影响维护操作。

9.0.4 安装时应保证熔体和触刀以及触刀和刀座接触良好。熔体不应受到机械损伤。

【释义】

安装熔体时应保证接触良好，接触不良会使接触部位过热，热量传至熔体，而熔体温度过高则会造成误动作。熔体如果受到机械损伤，相当于熔体截面变小，熔体额定电流减小，致使被保护设备正常运行时熔体熔断，影响设备正常运行。

9.0.5 瓷质熔断器在金属底板上安装时，其底座应垫软绝缘衬垫。

【释义】

瓷质熔断器在金属底板上安装时，其底座应垫软绝缘衬垫，有利于瓷质熔断器固定牢固。

9.0.6 有熔断指示器的熔断器,指示器应保持正常状态,并应装在便于观察的一侧。

【释义】

指示器安装在便于观察的一侧,目的是可及时发现熔体熔断,能够进行处理。

9.0.7 安装两个以上不同规格的熔断器,应在底座旁标明规格。

【释义】

本条规定是为了避免配装熔体时出现差错,影响熔断器对电器的正常保护工作。

9.0.8 有触及带电部分危险的熔断器应配备绝缘抓手。

9.0.9 带有接线标志的熔断器,电源线应按标志进行接线。

【释义】

有些熔断器如 RT18－32 系列断相自动显示报警熔断器,就带有接线标志。电源进线应接在标志指示的一侧。

9.0.10 螺旋式熔断器安装时,其底座不应松动,电源进线应接在熔芯引出的接线端子上,出线应接在螺纹壳的接线端上。

【释义】

安装螺旋式熔断器时,应注意将电源线进线接到瓷底座的下接线端,这样,更换熔管时金属螺纹壳上就不会带电,以保证安全。

10　电阻器、变阻器、电磁铁

10.0.1　电阻器的电阻元件应位于垂直面上。电阻器叠装时,叠装数量及间距应符合产品技术文件的要求。有特殊要求的电阻器,其安装方式应符合设计要求。电阻器底部与地面间应留有不小于 150mm 的间隔。

【释义】

　　根据产品技术条件,电阻器可以叠装使用,但从散热条件、不降低电阻器容量及箱体机械强度考虑,直接叠装的层数应符合产品技术文件的要求,否则运行不安全。若组间也要叠装,为保证散热效果,则组间的间距也应符合产品技术文件的要求。另外为了散热方便,电阻器底部与地面之间留有一定散热距离。

10.0.2　电阻器与其他电器垂直布置时,应安装在其他电器的上方,两者之间应留有间隔。

【释义】

　　电阻器发热后,热气流上升而影响其他电器设备运行,为此电阻器应安装在其他电器的上方,且两者之间应有适当的间隔,并考虑维护方便。

10.0.3　电阻器的接线应符合下列规定:

　　1　电阻器与电阻元件的连接应采用铜或钢的裸导体,连接应可靠。

　　2　电阻器引出线夹板或螺栓应设置与设备接线图相应的标志;当与绝缘导线连接时,应采取防止接头处的温度升高而降低导线绝缘强度的措施。

　　3　多层叠装的电阻箱的引出导线应采用支架固定,并不得妨碍电阻元件的更换。

【释义】

电阻元件有较高的发热温度,因此元件之间的连接线,应采用裸导线,一般用铜导线或钢导线。

电阻器因其工作环境、用途不同,所以发热情况不一样,为此,其外部接线的施工方法也不是相同的,要根据具体情况来决定,对能产生高温的特殊电阻器,应按产品的技术条件的规定来考虑,但要保证接触可靠。

10.0.4 电阻器和变阻器内部不应有断路或短路,其直流电阻值的误差应符合产品技术文件的要求。

【释义】

电阻器与变阻器在运输途中或安装时可能因搬运不慎而受到机械损伤,因此在安装就位后应对电阻器及变阻器进行检查,不应有断路或短路的现象,必要时,对其阻值应用电桥进行测量,实测值与铭牌值之间的误差,应符合产品技术条件的规定。

10.0.5 变阻器的转换调节装置应符合下列规定:

1 转换调节装置移动应均匀平滑、无卡阻,并应有与移动方向相一致的指示阻值变化的标志;

2 电动传动的转换调节装置,其限位开关及信号联锁接点的动作应准确可靠;

3 齿链传动的转换调节装置可允许有半个节距的串动范围;

4 由电动传动及手动传动两部分组成的转换调节装置应在电动及手动两种操作方式下分别进行试验;

5 转换调节装置的滑动触头与固定触头的接触应良好,触头间的压力应符合产品技术文件的要求,在滑动过程中不得开路。

【释义】

变阻器的转换调节装置用来改变阻值,以调节电动机的转速或直流发电机的电压。因此对转换调节装置的移动、限位开关、电动传动、手动传动等的功能,均应按产品技术文件的规定进行试验。

10.0.6 频敏变阻器的调整应符合下列规定：

1 频敏变阻器的极性和接线应正确；

2 频敏变阻器的抽头和气隙调整应使电动机起动特性符合机械装置的要求；

3 频敏变阻器配合电动机进行调整过程中，连续起动次数及总的起动时间应符合产品技术文件的要求。

【释义】

频敏变阻器专供 50Hz 三相交流绕线型电动机转子回路作短时起动之用。此时起动的电动机负载，可分为轻载（如空压机、水泵等）、中载、重载（如真空泵、带飞轮的电机）和满载四种情况。为了获得最合适的负载起动特性，一般改变绕组匝数的抽头进行粗调，在调整抽头过程中，连续起动次数及总的起动时间，应符合产品技术条件的规定。同时要防止电动机及频敏变阻器过热。

10.0.7 电磁铁的铁芯表面应清洁、无锈蚀。

【释义】

电磁铁的铁芯表面应保持清洁，工作极面上不得有异物或硬质颗粒，以防衔铁吸合时撞击磁轭，造成极面损伤并产生较大噪声。

10.0.8 电磁铁及其螺栓、接线应固定、连接牢固。电磁铁应可靠接地。

【释义】

电磁铁工作时振动较大，其螺栓、接线易松动，影响运行，故应连接牢固。

10.0.9 电磁铁的衔铁及其传动机构的动作应迅速、准确和可靠，并无卡阻现象。直流电磁铁的衔铁上应有隔磁措施。

【释义】

本条是对电磁铁动作机构的基本要求。

10.0.10 制动电磁铁的衔铁吸合时，铁芯的接触面应紧密地与其固定部分接触,且不得有异常响声。

【释义】

本条是对制动电磁铁工作状况的基本要求。

10.0.11 有缓冲装置的制动电磁铁应调节其缓冲器道孔的螺栓,使衔铁动作至最终位置时平稳、无剧烈冲击。

【释义】

长行程制动电磁铁,为了避免在通电时受到冲击,制成空气缸,调节气缸下部气道孔的螺钉即改变了气道孔的截面大小,就可以改变衔铁的上升速度,达到平稳、无剧烈冲击的目的。

10.0.12 采用空气隙作为剩磁间隙的直流制动电磁铁,其衔铁行程指针位置应符合产品技术文件的要求。

【释义】

直流制动电磁铁采用空气隙作为剩磁间隙的结构,避免了非磁性垫片被打坏的现象;增加了磁隙指示,有利于产品的维护和调整。安装调整时,应使衔铁行程指针位置符合产品技术条件的规定。

10.0.13 牵引电磁铁固定位置应与阀门推杆准确配合,使动作行程符合设备要求。

【释义】

交流牵引电磁铁适用于交流 50Hz、额定电压至 380V 的电路中作为机械设备及自动化系统中各种操作机构的远距离控制之用。电磁铁的额定行程分为微型(10mm)、小型(20mm)、中型(30mm)、大型(40mm)四级,有的装在管道系统中的阀门上,有的则装在设备上,其共同特点是控制较精确,动作行程短,故电磁铁位置应仔细调整,使其动作符合系统要求。

10.0.14 起重电磁铁第一次通电检查时,应在空载且周围无铁磁物质的情况下进行,空载电流应符合产品技术文件的要求。

10.0.15 有特殊要求的电磁铁应测量其吸合与释放电流,其值应符合产品技术文件的要求及设计要求。

【释义】

有特殊要求的电磁铁,如直流串联电磁铁,应测量吸合电流和释放电流,其值应符合设计要求或产品技术规定。通常其吸合电流为传动装置额定电流的 40%,释放电流小于传动装置额定电流的 10% 即空载电流。

10.0.16 双电动机抱闸及单台电动机双抱闸电磁铁动作应灵活一致。

11 试 验

11.0.1 低压电器绝缘电阻的测量应符合下列规定：

1 对额定工作电压不同的电路应分别进行测量，测量应在下列部位进行：

    1）主触头在断开位置时，同极的进线端及出线端之间。

    2）主触头在闭合位置时，不同极的带电部件之间，极与极之间接有电子线路的除外；主电路与线圈之间以及主电路与同它不直接连接的控制和辅助电路之间。

    3）主电路、控制电路、辅助电路等带电部件与金属支架之间。

2 测量主电路绝缘电阻所用兆欧表的电压等级应符合现行国家标准《电气装置安装工程　电气设备交接试验标准》GB 50150的有关规定；绝缘电阻值应符合产品技术文件的要求。

3 测量低压电器连同所连接电缆及二次回路的绝缘电阻值不应小于1MΩ；潮湿场所，绝缘电阻值不应小于0.5MΩ。

【释义】

本条规定了低压电器绝缘电阻的测量要求：

1 进行绝缘电阻测量是低压电器试验的基本要求，本款明确了低压电器绝缘电阻测量的部位。

    2）当极与极之间接有电子线路时，使用兆欧表进行绝缘摇测，会导致电子元器件的损坏。

2 额定电压不同的低压电器，测量绝缘电阻时所用兆欧表的电压等级是不同的，应符合现行国家标准《电气装置安装工程　电气设备交接试验标准》GB 50150的规定。通过调研低压电器产品，其绝缘电阻值一般不应小于10MΩ。

11.0.2 低压电器动作性能的检查应符合下列规定：

1 对采用电动机、电磁、电控气动操作或气动传动方式操作的电器，除产品另有规定外，当控制电压或气压在额定值85％～110％的范围内时，电器应可靠动作；

2 分励脱扣器应在额定控制电源电压70％～110％的范围内均能可靠动作；

3 欠电压继电器或脱扣器应在额定电源电压70％～35％的范围内均能可靠动作；

4 剩余电流保护器应对其动作特性进行试验，试验项目为：在设定剩余动作电流值时，测试分断时间，应符合设计及产品技术文件的要求；

5 具有试验按钮的低压电器，应操作试验按钮进行动作试验。

【释义】

本条依据现行国家标准《低压开关设备和控制设备 第一部分：总则》GB 14048.1和《电气装置安装工程 电气设备交接试验标准》GB 50150及《剩余电流动作保护装置安装和运行》GB 13955而作出的规定。

11.0.3 测量电阻器和变阻器的直流电阻值，其差值应分别符合产品技术文件的要求；电阻值应满足回路使用的要求。

【释义】

本条依据现行国家标准《电气装置安装工程电气设备交接试验标准》GB 50150作出的规定。

12 验 收

12.0.1 验收时,应对下列项目进行检查:

1 电器的型号、规格符合设计要求。

2 电器的外观完好,绝缘器件无裂纹,安装方式符合产品技术文件的要求。

3 电器安装牢固、平正,符合设计及产品技术文件的要求。

4 电器金属外壳、金属安装支架接地可靠。

5 电器的接线端子连接正确、牢固,拧紧力矩值应符合产品技术文件的要求,且符合本规范附录 A 的规定;连接线排列整齐、美观。

6 绝缘电阻值符合产品技术文件的要求。

7 活动部件动作灵活、可靠,联锁传动装置动作正确。

8 标志齐全完好、字迹清晰。

【释义】

本条所列要求是低压电器安装验收应检查的项目,是试运行前应该达到的基本要求。

12.0.2 对安装的电器应全数进行检查。

【释义】

所有安装的低压电器均应符合本规范的规定,才能保证系统可靠运行,因此规定对安装的低压电器进行全数检查。

12.0.3 通电试运行应符合下列规定:

1 操作时动作应灵活、可靠。

2 电磁器件应无异常响声。

3 接线端子和易接近部件的温升值不应超过本规范附录 B 和附录 C 的规定。

4 低压断路器接线端子和易接近部件的温升极限值不应超过本规范附录 D 的规定。

【释义】

本条所列要求是低压电器安装通电试运行应达到的质量要求,只有满足了这些要求才能保证以后的安全运行。

12.0.4 验收时应提交下列资料和文件:

1 设计文件;

2 设计变更和洽商记录文件;

3 制造厂提供的产品说明书、合格证明文件及"CCC"认证证书等技术文件;

4 安装技术记录;

5 各种试验记录;

6 根据合同提供的备品、备件清单。

【释义】

本条对验收时应提交的资料和技术文件提出了具体的规定。

附录 A 螺纹型接线端子的拧紧力矩

A.0.1 低压电器螺纹型接线端子的拧紧力矩应符合表 A.0.1 的规定。

表 A.0.1 螺纹型接线端子的拧紧力矩

螺纹直径(mm)		拧紧力矩(N·m)		
标准值	直径范围	Ⅰ	Ⅱ	Ⅲ
2.5	φ≤2.8	0.2	0.4	0.4
3.0	2.8<φ≤3.0	0.25	0.5	0.5
—	3.0<φ≤3.2	0.3	0.6	0.6
3.5	3.2<φ≤3.6	0.4	0.8	0.8
4	3.6<φ≤4.1	0.7	1.2	1.2
4.5	4.1<φ≤4.7	0.8	1.8	1.8
5	4.7<φ≤5.3	0.8	2.0	2.0
6	5.3<φ≤6.0	1.2	2.5	3.0
8	6.0<φ≤8.0	2.5	3.5	6.0
10	8.0<φ≤10.0	—	4.0	10.0
12	10<φ≤12	—	—	14.0
14	12<φ≤15	—	—	19.0
16	15<φ≤20	—	—	25.0
20	20<φ≤24	—	—	36.0
24	24<φ	—	—	50.0

注:第Ⅰ列适用于拧紧时不突出孔外的无头螺钉和不能用刀口宽度大于螺钉顶部
直径的螺丝刀拧紧的其他螺钉;第Ⅱ列适用于可用螺丝刀拧紧的螺钉和螺母;
第Ⅲ列适用于不可用螺丝刀拧紧的螺钉和螺母。

附录 B　接线端子的温升极限值

B.0.1　低压电器接线端子的温升极限值应符合表 B.0.1 的规定。

表 B.0.1　接线端子的温升极限值

接线端子材料	温升极限值(K)
裸铜	60
裸黄铜	65
铜(黄铜)镀锡	65
铜(黄铜)镀银或镀镍	70

附录 C 易接近部件的温升极限值

C.0.1 低压电器易接近部件的温升极限值应符合表 C.0.1 的规定。

表 C.0.1 易接近部件的温升极限值

易接近部件	温升极限值(K)
人力操作部件： 金属的 非金属的	15 25
可触及但不能握住的部件： 金属的 非金属的	30 40
电阻器外壳的外表面	200
电阻器外壳通风口的气流	200

附录 D 低压断路器接线端子和易接近部件的温升极限值

D.0.1 低压断路器接线端子和易接近部件的温升极限值应符合表 D.0.1 的规定。

表 D.0.1 低压断路器接线端子和易接近部件的温升极限值

部件名称	温升极限值（K）
与外部连接的接线端子	80
人力操作部件： 金属零件 非金属零件	25 35
可触及但不能握住的部件： 金属零件 非金属零件	40 50
正常操作时无需触及的部件： 金属零件 非金属零件	50 60

第三部分　关于低压电器的相关资料

1 低压电器有关制造标准

中华人民共和国国家质量监督检验检疫总局和中国国家标准化管理委员会发布了关于低压电器制造的系列标准,分列如下:

1. GB 14048.1—2006《低压开关设备和控制设备　第 1 部分:总则》;

2. GB 14048.2—2008《低压开关设备和控制设备　第 2 部分:断路器》;

3. GB 14048.3—2008《低压开关设备和控制设备　第 3 部分:开关、隔离器、隔离开关以及熔断器组合电器》;

4. GB 14048.4—2003《低压开关设备和控制设备　第 4-1 部分:接触器和电动机起动器　机电式接触器和电动机起动器(含电动机保护器)》;

5. GB 14048.5—2008《低压开关设备和控制设备　第 5-1 部分:控制电路电器和开关元件　机电式控制电路电器》;

6. GB 14048.6—2008《低压开关设备和控制设备　第 4-2 部分:接触器和电动机起动器　交流半导体电动机控制器和起动器(含软起动器)》;

7. GB/T 14048.7—2006《低压开关设备和控制设备　第 7-1 部分:辅助器件　铜导体的接线端子排》;

8. GB/T 14048.8—2006《低压开关设备和控制设备　第 7-2 部分:辅助器件　铜导体的保护导体接线端子排》;

9. GB 14048.9—2008《低压开关设备和控制设备　第 6-2 部分:多功能电器(设备) 控制与保护开关电器(设备)(CPS)》;

10. GB/T 14048.10—2008《低压开关设备和控制设备　第 5-2 部分:控制电路电器和开关元件　接近开关》;

11. GB/T 14048.11—2008《低压开关设备和控制设备 第 6-1 部分:多功能电器 转换开关电器》;

12. GB/T 14048.12—2006《低压开关设备和控制设备 第 4-3 部分:接触器和电动机起动器-非电动机负载用交流半导体控制器和接触器》;

13. GB/T 14048.13—2006《低压开关设备和控制设备 第 5-3 部分:控制电路电器和开关元件-在故障条件下具有确定功能的接近开关(PDF)的要求》;

14. GB/T 14048.14—2006《低压开关设备和控制设备 第 5-5 部分:控制电路电器和开关元件-具有机械锁闩功能的电气紧急制动装置》;

15. GB/T 14048.15—2006《低压开关设备和控制设备 第 5-6 部分:控制电路电器和开关元件-接近传感器和开关放大器的 DC 接口(NAMUR)》;

16. GB/T 14048.16—2006《低压开关设备和控制设备 第 8 部分:旋转电机用装入式热保护(PTC)控制单元》;

17. GB/T 14048.17—2008《低压开关设备和控制设备 第 5-4 部分:控制电路电器和开关元件 小容量触头的性能评定方法 特殊试验》;

18. GB/T 14048.18—2008《低压开关设备和控制设备 第 7-3 部分:辅助器件 熔断器接线端子排的安全要求》。

2 低压电器按产品名称的分类
（引自 GB/T 2900.18—2008）

1 低压断路器

1.1 （机械的）断路器　circuit-breaker(mechanical)

在正常电路条件下能接通、承载以及分断电流，也能在规定的非正常电路条件（例如短路）下接通、承载一定时间和分断电流的机械开关电器。

1.2 万能式断路器　conventional circuit-breaker

框架式断路器，以具有绝缘衬垫的框架结构底座将所有构件组成一整体并具有多种结构变化方式、用途的断路器。

1.3 塑料外壳式断路器　moulded case circuit-breaker

模压外壳式断路器，具有一个用模压绝缘材料制成的外壳将所有构件组装成一整体的断路器。

1.4 限流断路器　current-limiting circuit-breaker

分断时间短得足以阻止短路电流达到其预期峰值的断路器。

1.5 插入式断路器　plug-in type circuit-breaker

断路器除有分断触头外，还有一组可分离的触头，从而使断路器可从电路中拔出或插入。

注：某些断路器仅在电源侧为插入式，而负载接线端子一般为接线式。

1.6 抽屉式断路器　withdrawable circuit-breaker

断路器除有分断触头外，还有一组与主电路隔离的隔离触头，处于抽出位置时，可以达到符合规定要求的隔离距离的断路器。

1.7 带熔断器的断路器　integrally-fused circuit-breaker

由断路器和熔断器组合而成的单个电器，其每一相均由一个熔断器和断路器的一极串联而成。

1.8 带防止闭合的闭锁断路器 circuit-breaker with lock-out preventing closing

如果导致断开操作的条件继续存在,即使发出闭合命令,动触头也不会接通电流的一种断路器。

1.9 空气断路器 air circuit-breaker

触头在自由空气中断开和闭合的断路器。

1.10 真空断路器 vacuum circuit-breaker

触头在高真空的壳内断开和闭合的断路器。

1.11 灭磁断路器 field discharge circuit-breaker

用于接通和分断电机励磁电路的断路器。

1.12 快速断路器 high speed circuit-breaker

分断时间短得足以使短路电流达到其最大值前分断的直流断路器。

2 低压空气式隔离器、开关、隔离开关及熔断器组合电器

2.1 (机械的)开关 switch (mechanical)

在正常的电路条件(包括规定的过载工作条件)下,能接通、承载和分断电流,并在规定的非正常电路条件(例如短路)下、在规定时间内,能承载电流的机械开关电器。

注:开关可以只能接通但不能分断短路电流。

2.2 接地开关 earthing switch

用于将回路接地的一种机械开关装置。在异常条件(如短路)下,可在规定的时间内承载规定的异常电流;但在正常回路条件下,不要求承载电流。

注:接地开关可具有短路通断能力。

2.3 产气开关 gas evolving switch

在电弧的热作用下产生并移动气体的开关。

2.4 隔离器 disconnector (isolator)

在断开位置上能符合规定隔离功能要求的一种机械开关电器。

2.5 隔离开关 switch-disconnector

在断开位置上,能满足对隔离器所规定的隔离要求的一种开关。

2.5.1 熔断器式隔离开关 fuse-switch-disconnector

动触头由熔断体或带有熔断体的载熔件所组成的隔离开关。

2.6 刀开关 knife switch

带有刀形动触头,在闭合位置与底座上的静触头相楔合的开关。

2.7 熔断器组合单元 fuse-combination unit

由制造厂或按其说明书将机械开关电器与一个或几个熔断器组装在同一单元内。

2.7.1 开关熔断器 switch-fuse

开关的一极或多极与熔断器串联构成的复合单元。

2.7.2 隔离器熔断器 disconnector-fuse

带熔断器的隔离器

隔离器的一极或多极与熔断器串联构成的复合单元。

2.7.3 熔断器式开关 fuse-switch

开关的动触头由熔断体或带有熔断体的载熔件所组成的开关。

2.7.4 熔断器式隔离器 fuse-disconnector

动触头由熔断体或带有熔断体的载熔件所组成的隔离器。

2.7.5 隔离开关熔断器 fuse-disconnector-fuse

隔离开关的一极或多极与熔断器串联构成的复合单元。

2.8 转换天关 change-over switch

用于电路中,从一组接转换至另一组连接的开关。

采用刀开关结构形成的称刀形转换开关。采用唇舌(凸轮)结构形式的称唇舌(凸轮)式转换开关。

采用选装式触头元件组合成旋转操作的称组合开关。

2.9 倒顺开关 two-direction switch

双向开关

具有三个位置,可正接、反接、断开电动机定子绕组,使单台异步电动机正转、反转、停止的一种机械开关电器。

3 家用及类似场所用电器

3.1 家用及类似场所用断路器 circuit-breakers for household and similar installations

用来作为住宅及其类似建筑物内的并供非熟练人员使用的断路器。

注:其结构适用于非熟练人员使用,且不能自行维修,整定电流不能自行调节。

3.2 剩余电流(动作)保护器 residual current (operated) protective devices

在规定条件下,当剩余电流达到或超过整定值时能自动分断电路的机械开关电器或组合电器。

注:剩余电流保护器也可以由用来检测和判别剩余电流以及接通和分断电流的各种独立元件组成。

3.3 延时型剩余电流保护器 time-delay residual current protective device

对应于一个规定的剩余电流值能达到一个预定的极限不驱动时间的剩余电流保护器。

3.4 剩余电流断路器 residual current circuit breaker

用于在正常工作条件下接通、承载和分断电流;以及在规定条件下,当剩余电流达到一个规定值时使触头断开的机械开关电器。

3.5 剩余电流动作保护继电器 residual current operated protective relay

由剩余电流互感器来检测剩余电流,并在规定条件下,当剩余电流达到或超过给定值时使电器的一个或多个电气输出电路中的触头产生开闭动作的开关电器。

3.6 剩余电流保护器的试验装置 test device of a residual current protective device

为了检查剩余电流保护器能否正常工作,模拟一剩余电流使剩余电流保护器动作的装置。

4 低压接触器及电动机起动器

4.1 （机械的）接触器　contactor（mechanical）

仅有一个休止位置,能接通、承载和分断正常电路条件(包括过载运行条件)下的电流的非手动操作的机械开关电器。

注:接触器可根据闭合主触头所需的力来命名。

4.2 交流接触器　alternating current contactor

用于交流电路的接触器。

4.3 直流接触器　direct current contactor

用于直流电路的接触器。

4.4 空气接触器　air contactor

触头的闭合或断开是在空气中进行的接触器。

4.5 电磁接触器　electromagnetic contactor

由电磁铁产生的力带动主触头闭合或断开的接触器。

4.6 气动接触器　pneumatic contactor

由压缩空气装置产生的力带动主触头闭合或断开的一种接触器。

4.7 电磁气动接触器　electronmagnetic pneumatic contactor

由电磁阀控制压缩空气装置产生的力带动主触头闭合或断开的一种接触器。

4.8 电气气动接触器　electro-pneumatic contactor

通过电控制的阀门由压缩空气装置产生的力带动主触头闭合或断开的一种接触器。

4.9 锁和接触器　latched contactor

当操作机构失去能量时,由锁扣装置使可动部分不能返回至休止位置的一种接触器。

注1:锁扣机构的锁扣和释放方式可以是机械、电磁、气动的等。

注2:由于有了锁扣机构,它实际上具有两个休止位置,如严格按接触器定义它不能称为接触器,但是,它不论在使用还是设计方面都更接近于接触器而不是其他的开关电器,所以在所适用的场合它们应符合接触器的标准是合格的。

4.10 中频接触器　intermediate frequency contactor

用于中频电路的接触器。

4.11 真空接触器或起动器   vacuum contactor or starter

主触头在高真空的壳内断开和闭合的一种接触器或起动器。

4.12 半导体接触器   semiconductor contactor

固态接触器

利用半导体开关电器来完成接触器功能的电器。

注:半导体接触器亦可包含有机械开关电器。

4.13 起动器   starter

起动与停止电动机所需的所有接通、分断方式的组合电器,并与适当的过载保护组合。

注:起动器可根据闭合主触头所需的力来命名。

4.14 直接起动器   direct-on-line starter

将线路电压直接加到电动机接线端子上,使之在全电压下一级起动的起动器。

4.15 电磁起动器   electromagnetic starter

闭合主触头的力由电磁铁产生的起动器。

由电磁接触器和过载保护元件等组合成的起动器。

4.16 可逆起动器   reversing starter

在电动机运转的情况下用反接定子接线方法使其反转的起动器。

4.17 人力操作起动器   manual starter

手动起动器

闭合主触头所需的力完全是由人力产生的起动器。

4.18 电动机操作起动器   motor operated starter

闭合主触头的力由电动机产生的起动器。

4.19 气动起动器   pneumatic starter

闭合主触头的力由压缩空气装置而不用电的方法产生的起动器。

4.20 电气气动起动器   electro-pneumatic starter

闭合主触头的力由电气阀控制压缩空气装置来产生的起动器。

4.21 星-三角起动器 star-delta starter

采用改变三相笼型异步电动机定子绕组的接法,在起动时接成星形,在运转时改接为三角形,以减少起动电流的起动器。

4.22 自耦减压起动器 auto-transformer starter

从自耦变压器上抽出一个或几个抽头,以达到降低异步电动机起动时的端电压,从而减小起动电流的起动器。

4.23 两级自耦减压起动器 two step auto-transformer starter

在停止位置与运转位置之间只有一个中间加速位置的自耦减压起动器。

4.24 变阻式起动器 rheostatic starter

在电动机起动过程中,用一台或数台电阻器来得到规定的电动机转矩特性并限制电流的起动器。

4.25 转子变阻式起动器 rheostatic rotor starter

在起动时循序切除预先接在绕线式感应电动机转子电路中的一台或数台电阻器的变阻式起动器。

4.26 单级起动器 single-step starter

在断开和全起动位置之间没有中间加速位置的起动器。

注:单级起动器是直接起动器。

4.27 两级起动器 two-step starter

在停止位置与运转位置之间只有一个中间加速位置的起动器。

4.28 n 级起动器 n-step starter

在断开和全起动位置之间有 $n-1$ 级加速位置的起动器。

4.29 综合起动器 combined starter

是一种由熔断器、接触器、过载保护元件等组合的装置,用于起动和保护电动机过载、短路或欠电压的起动器。

4.30　控制器　　controller

按照预定顺序转换主电路或控制电路的接线以及变更电路中参数的开关电器。

4.31　凸轮控制器　　cam controller

利用凸轮来操作动触头动作的控制器。

4.32　平面控制器　　faceplate controller

动触头与沿着平面排列的静触头组相对运动，具有平面转换装置的控制器。

4.33　鼓形控制器　　drum controller

动触头组沿着圆柱形表面排列，具有鼓形转换装置的控制器。

5　控制电路电器及开关（或脱扣器）元件

5.1　（电气式）继电器　　relay(electrical)

当控制电器的电气激励量（输入量）在电路中的变化达到规定要求时，在电器的一个或多个电气输出电路中，使被控量发生预定的阶跃变化的开关电器。

5.2　控制继电器　　control relay

在电力传动系统中用作控制和保护电路或信号转换用的继电器。

5.3　交流继电器　　a. c. relay

输入信号为交流的控制继电器。

5.4　直流继电器　　d. c. relay

输入信号为直流的控制继电器。

5.5　电流继电器　　current relay

反映输入量为电流的继电器。

5.6　脱扣器　　release

与开关电器机械联结的，用以释放锁扣件并使开关电器断开或闭合的装置。

5.7　瞬时继电器或脱扣器　　instantaneous relay or release

无任何人为的延迟时间而动作的继电器或脱扣器。

5.8 过电流继电器或脱扣器　　over-current relay or release

当继电器或脱扣器中的电流超过预定值时,引起开关电器有延时或无延时动作的继电器或脱扣器。

注:在某种情况下整定值取决于电流的上升率。

5.8.1 定时限过电流继电器或脱扣器　　definite time-delay over-current relay or release

经一定延时后动作的过电流继电器或脱扣器延时动作时可以调整,但不受过电流值的影响。

5.8.2 反时限过电流继电器或脱扣器　　inverse time-delay over-current relay or release

动作时间与所通过电流成反比的过电流继电器或脱扣器。

注:这种继电器或脱扣器可设计成在过电流极大时延时接近一个确定的最小值。

5.8.3 直接过电流继电器或脱扣器　　direct over-current relay or release

直接由开关电器主电路电流激励的过电流继电器或脱扣器。

5.8.4 间接过电流继电器或脱扣器　　indirect over-current relay or release

由开关电器主电路电流通过电流互感器或分流器激励的过电流继电器或脱扣器。

5.9 过载继电器或脱扣器　　over-load relay or release

用作过载保护的过电流继电器或脱扣器。

5.9.1 电磁式过载继电器或脱扣器　　magnetic overload relay or release

利用流过主电路并激励电磁铁线圈的电流所产生的力而动作的过载继电器或脱扣器。

5.9.2 热[过载]继电器或脱扣器　　thermal[overload] relay or release

利用流过继电器或脱扣器的电流所产生的热效应而反时限动作(包括延时)的继电器或脱扣器。

5.9.3 断相保护热[过载]继电器或脱扣器　　phase failure sensitive thermal [overload] relay or release

按规定的要求,当电流不平衡时,在低于各相平衡最终动作电流值时动作的多相热过载继电器或脱扣器。

5.9.4 电子式过载继电器或脱扣器　　electronic overload relay or release

采用电子元器件构成的过载继电器或脱扣器。

电子式过载继电器(过载特性符合电动机保护特性)用于电动机保护时,称为电子式电动机保护器,且保护功能可扩展至电动机的各种故障。

5.9.5 电动机保护器　　motor protector

当电动机发生故障时,用于向开关电器发出信号以切断电动机回路电源的电器。电动机保护器可以是热式的,也可以是电子式的,其功能可以是单一过载保护,除过载保护外也可增加其他各种保护功能(如断相、电流或电压不平衡、剩余电流、过电压、相序错误等)。

> 注:电动机保护器通常会扩展控制功能,如可控制可逆起动器、星三角起动器等,具有此功能时,也可称为电动机控制器。

5.10 逆电流继电器或脱扣器　　reverse current relay or release

反向电流脱扣器

当直流电路中电流的方向改变并超过预定值时使开关电器有延时或无延时断开的继电器或脱扣器。

5.11 欠电流继电器或脱扣器　　under-current relay or release

当通过继电器或脱扣器的电流减小到低于其整定值时动作的继电器或脱扣器。

5.12 温度继电器　　temperature(sensitive)relay

当温度达到规定值时动作的继电器。

由双金属片受热弯曲而动作的称双金属片式温度继电器;

由利用热敏电阻值的突变而动作的称热敏电阻式温度继电器。

5.13 时间继电器　time-delay relay

自得到动作信号起至触头动作或输出电路产生跳跃式改变有一定延时,该延时又符合其准确度要求的继电器。

5.14 通用继电器　general relay

在结构上稍有变动即可作为电压、电流、时间及中间等多种用途的继电器。

5.15 中间继电器　auxiliary relay

用来增加控制电路中的信号数量或将信号放大的继电器。

5.16 接触器式继电器　contactor relay

接触器用作控制开关,继电器的结构与小容量接触器相似的继电器。

5.16.1 瞬时接触器式继电器　instantaneous contactor relay

无故意延时动作的接触器式继电器。

注:除非特别声明,否则接触器式继电器就是瞬时接触器式继电器。

5.16.2 延时接触器式继电器　time-delay contactor relay

具有规定的延时特性的接触器式继电器。

注:延时接触器式继电器可以是和通电(e—继电器)或断电(d—继电器)或两者都有关。

5.17 电压继电器　voltage relay

反映输入量为电压的继电器。

5.17.1 过电压继电器　over-voltage relay

当电压大于其整定值时动作的电压继电器。

5.17.2 欠电压继电器　under-voltage relay

当电压降至某一规定值范围时动作的电压继电器。

5.17.3 零电压继电器　zero-voltage relay

是欠电压继电器的一种特殊型式,当继电器的端电压降至接近消失时止动作的电压继电器。

5.18 半导体继电器　semiconductor relay

固态继电器

应用半导体器件组成的继电器。

5.19 分励脱扣器 shunt release

由电压源激励的脱扣器。

注:该电压源可与主电路电压无关。

5.20 欠电压脱扣器 under-voltage release

当脱扣器的端电压降至某一规定值时,使机械开关电器有延时或无延时地断开或闭合的脱扣器。

5.21 失压脱扣器 zero-voltage release

零电压脱扣器

是欠电压脱扣器的一种特殊型式,当脱扣器的端电压降至接近消失时止,使机械开关电器有延时或无延时地断开或闭合的脱扣器。

5.22 接通电流脱扣器 making-current release

在闭合操作期内,如接通电流超过整定值时,使开关电器瞬时断开的脱扣器,但当开关电器处于闭合位置时,它将不予动作。

5.23 主令电器 master switch

用作闭合或断开控制电路,以发出指令或作程序控制的开关电器。

5.24 主令控制器 master controller

按照预定程序转换控制电路接线的主令电器。

5.25 (控制回路和辅助回路的)控制开关 control switch(for control and auxiliary circuits)

(控制电路和辅助电路的)控制开关

用来控制开关设备或控制设备的操作(包括发出信号、电气联锁等)的一种机械开关电器。

注:控制开关由具有共同操作系统的一个或几个触头元件组成。

5.26 旋转(控制)开关 rotary(control)switch

具有旋转操作的操动器的控制开关。

能对控制电路进行多种转换的旋转式操作外关。

5.27　脚踏开关　foot switch
　　用脚踩踏操动器的控制开关。

5.28　程序器　programmer
　　起始后,在预定程序内操作的具有多触头元件的控制开关。

5.29　控制站　control station
　　安装在同一面板上或装在同一外壳内的一个或几个控制开关的组合。

5.30　拉钮　pull-button
　　具有用手拉操作的操动器并具有贮能(弹簧)复位的控制开关。

5.31　按-拉钮　push-pull button
　　具有先用按操作,后用手拉返回至其初始位置(或相反操作)的操动器的控制开关。

5.32　按钮　push-button
　　具有用人体某一部分(一般为手指或手掌)所施加力而操作的操动器,并具有储能(弹簧)复位的一种控制开关。

5.33　旋(转换)钮　turn button
　　具有旋转手柄或钥匙插入来旋转的按钮。

5.34　自持按钮　self-maintained push-button
　　在操作元件动作后,能使触头自保持而不返回的按钮。

5.35　锁扣式按钮　latched push-button
　　具有复位弹簧的按钮,但是它维持在操动位置上直至锁扣被另一动作释放为止。
　　注1:锁扣可由同一按钮或相邻的下一次操动(诸如按、转等)来释放或用电磁铁操作来释放等。
　　注2:由相邻的动作而获得释放的按钮称为保持按钮。

5.36　定位式按钮　locked push-button
　　用另一动作保证其在一个或几个位置上的按钮。
　　注:可借旋转钮、旋转钥匙、操作杠杆等方法来定位。

5.37 钥匙操作式按钮 key-operated push-button

仅在钥匙插在那里时才能操作的按钮。

注:可以在任何位置下拔出钥匙。

5.38 延时复位按钮 time-delay push button

在操作力去除后,经过一预定时间间隔后,其触头才回到起始位置的按钮。

5.39 延时动作按钮 delayed action push-button

力加在按钮上,经过一预定时间间隔后,其触头才闭合或断开动作的按钮。

5.40 指示灯式按钮 illuminated push-button

在按钮中加入一个信号灯的按钮。

5.41 转动操作式按钮 free push-button

自由按钮

在按钮中操动器绕其轴的旋转没有限制。

5.42 直动操作式按钮 guided push-button

导向按钮

在按钮中,操动器不可绕其轴旋转。

注:其操动器只有方形或长方形等导向块。

5.43 指示开关 pilot switch

在规定的量值下响应动作的一种非手动的控制开关。

注:响应缝可以是压力、温度、速度、液位、经过时间等。

5.44 位置开关 position switch

操动机构是在机器的运动部件到达一个预定位置时操作的一种指示开关。

5.45 限位开关 limit switch

终端开关

限制工作机械行程到达终点时发生作用的开关。

注:能作肯定断开操作的一种位置开关。

5.46 接近开关 proximity switch

与(机器的)运动部件无机械接触而能操作的位置开关。

当运动的物体靠近开关到一定位置时，开关发出信号，达到行程控制及计数自动控制的开关。

5.47　行程开关　travel switch
用以反映工作机械的行程，发出命令以控制其运动方向或行程大小的开关。

5.48　微动开关　micro-gap switch
灵敏开关
具有瞬时动作和微小的行程，可直接由某一定的力经过一定的行程使触头速动而进行电路转换的灵敏开关。

5.49　（机械开关电器的）辅助开关　auxiliary switch(of a mechanical switching device)
具有一个或多个控制和（或）辅助触头并由开关电器以机械方式操作的开关。

5.50　信号灯　indicator light
用亮信息或暗信息来提供光信号的灯。

5.50.1　直接式信号灯　direct-on-line indicator light
在额定工作电压下工作的，没有减压元件的信号灯。

5.50.2　减压式信号灯　voltage-reducing indicator light
本身有一个用来向发光器件的端子提供与信号灯的额定工作电压不同的电压元件（变压器、电阻器等）的信号灯。

6　电阻器、变阻器、电磁铁、调整器

6.1　电阻器　resistor
由于它的电阻而被使用的电器。
用于限制调整电路电流或将电能转变为热能等用途的电器。

6.2　变阻器　rheostat
由电阻材料制成的电阻元件或部件和转接装置组成的电器，可在不分断电路的情况下有级地或均匀地改变电阻值。

6.3　滑线式变阻器　slider-type rheostat
使接触点在密绕的金属电阻丝上移动，以变更电阻值的变阻器。

用手柄旋转操作的称旋臂滑线式变阻器。

6.4　起动变阻器　starting rheostat

用于电动机起动时限制其起动电流的变阻器(如液体、油浸起动变阻器等)。

6.5　频敏变阻器　frequency sensitive rheostat

利用铁磁材料的损耗随频率变化自动改变等效阻抗值,以使电动机达到平滑起动的变阻器。

6.6　调速变阻器　speed regulating rheostat

调节电动机转速的变阻器

对用作起动电动机和调节电动机转速的变阻器称起动调速变阻器。

6.7　励磁变阻器　field rheostat

调节电机励磁电流的变阻器。

6.8　电磁铁　electro-magnet

需要电流来产生并保持其磁场的磁铁。

由线圈与铁芯组成,通电时产生吸力将电磁能转变为机械能来操作,牵引某机械装置或铁磁性物体,以完成预期目标的电器。

6.9　制动电磁铁　braking electro-magnet

操动制动器作机械制动用的电磁铁。

电磁吸力通过液压传递给制动机构作为驱动力的电磁铁称液压制动电磁铁。

6.10　牵引电磁铁　tractive electro-magnet

牵引、排斥机械装置用的电磁铁。

6.11　起重电磁铁　liming electro-magnet

搬运或装卸铁磁性物体的电磁铁。

6.12　电力液压推动器　electro-hydraulic thruster

一种通过电动机及液压系统将电能转换成以直线运动形式输出机械功的机电元件,主要作为某些制动器的驱动源。

6.13 电压调整器　voltage regulator

使发电机端电压保持在指定范围内变化的电器。

6.14 炭阻式自动电压调整器　carbon auto-variable-regulator

利用炭片间电阻值的变化来改变发电机的励磁电流，以自动保持发电机端电压稳定的电压调整器。

7　低压熔断器

7.1 专职人员使用的熔断器　fuse for use by authorized persons

工业用熔断器

仅由专职人员可以接近并仅由专职人员更换的熔断器。

注1：不必采取结构上的措施来保证非互换性和防止偶然触及带电部分。

注2：专职人员应按 IEC60364-3 中 BA4"受指导人员"[1] 和 BA5"熟练人员"[2] 类分别所规定的意义来理解。

　1)受指导人员：在熟练人员指导或监护下能避免触电的人员（如操作、维护人员）。

　2)熟练人员：具有技术知识或足够运行经验，能避免触电危险的人员（工程师和技术人员）。

7.2 非熟练人员使用的熔断器　fuse for use by unskilled persons

家用或类似用途熔断器

非熟练人员可以接近并能由非熟练人员更换的熔断器。

注：对这类熔断器，应当有防直接触及带电部分的保护。如有需要，可要求非互换性。

7.3 半导体设备保护用熔断器　fuse for the protection of semiconductor device

快速熔断器

在规定的条件下，能快速切断故障电流，主要用于保护半导体设备过载及短路的有填料熔断器。

7.4 有填料封闭管式熔断器　powder-filled cartridge fuse

熔体被封闭在充有颗粒、粉末等灭弧填料的熔管内的熔断器。

7.5 无填料封闭管式熔断器　no powder-filled cartridge fuse
熔体被封闭住不允填料的熔管内的熔断器。

7.6 螺旋式熔断器　screw-type fuse
带熔断体的载熔件借螺纹旋入底座而固定于底座的熔断器。

7.7 插入式熔断器　plug-in type fuse
熔断体靠导电插件插入底座的熔断器。

7.8 自复熔断器　self-mending fuse
当电流大于规定值一定时间后,以它本身产生的热量使熔断体气化,内阻剧增,而在阻断电流后极短时间内能自动回复原状,并可重复使用一定次数的熔断器。

7.9 限流式熔断器　current-limiting fuse
以提高电弧电压来限制短路电流,使电路分断的熔断器。

7.10 撞击熔断器　striker fuse
具有撞击器的熔断器。

7.11 后备保护熔断器　fuse for back-up protection
主要以分断大故障电流为目的的熔断器。
注:此熔断器多与其他保护装置串联使用。

7.12 指示熔断器　indicating fuse
具有熔断指示器的熔断器。

3 低压开关设备和控制设备使用类别举例（引自 GB 14048.1—2006）

低压开关设备和控制设备使用类别举例

电流种类	类别	典型性用	有关产品标准
交流	AC-20	无载条件下"闭合"和"断开"电路	GB 14048.3
	AC-21	通断电阻负载,包括通断适中的过载	
	AC-22	通断电阻电感混合负载,包括通断适中的过载	
	AC-23	通断电动机负载或其他高电感负载	
	AC-1	无感或微感负载、电阻炉	GB 14048.4
	AC-2	绕线式电动机的起动、分断	
	AC-3	鼠笼型异步电动机的起动,运转中分断	
	AC-4	鼠笼型异步电动机的起动、反接制动与反向运转[①]、电动[②]	
	AC-5a	控制放电灯的通断	
	AC-5b	白炽灯的通断	
	AC-6a	变压器通断	
	AC-6b	电容器组的通断	
	AC-8a	具有过载继电器手动复位的密封制制冷压缩机中的电动机控制	
	AC-8b	具有过载继电器自动复位的密封制制冷压缩机中的电动机控制	

电流种类	类别	典型性用	有关产品标准
交流	AC－12	控制电阻性负载和光电耦合器隔离的固态负载	GB 14048.4
	AC－13	控制变压器隔离的固态负载	
	AC－14	控制小容量电磁铁负载	
	AC－15	控制交流电磁铁负载	
	AC－52a	绕线式电动机启动器控制：8小时工作制，带带载起动、加速、运转	GB 14048.6
	AC－52b	绕线式电动机启动器控制：断续工作制	
	AC－53a	鼠笼型异步电动机控制：8小时工作制，带带载起动、加速、运转	
	AC－53b	鼠笼型异步电动机控制：断续工作制	
	AC－58a	具有过载继电器自动复位的密封制制冷压缩机中的电动机控制：8小时工作制，带带载起动、加速、运转	
	AC－58b	具有过载继电器自动复位的密封制制冷压缩机中的电动机控制：断续工作制	
	AC－40	配电线路包含有感应磁阻的阻性和点抗性负载	GB 14048.9
	AC－41	无感或微感负载、电阻炉	
	AC－42	绕线式电动机的起动、分断	
	AC－43	鼠笼型异步电动机的起动，运转中分断	
	AC－44	鼠笼型异步电动机的起动、反接制动与反向运转①、电动②	
	AC－45a	控制放电灯的通断	
	AC－45b	白炽灯的通断	

电流种类	类别	典型性用	有关产品标准
交流	AC-12	控制电阻性负载和带光频隔离器的固态负载	GB/T 14048.10
	AC-140	控制维持(封闭)电流小于或等于0.2A小型电机负载,如接触器式继电器	
	AC-31	无感或微感负载	GB/T 14048.11
	AC-33	电动机负载或包括电机/阻性负载和达到30%白炽灯的混合负载	
	AC-35	控制放电灯的通断	
	AC-36	白炽灯的通断	
	AC-7a	家用及类似用途的微感负载	GB 17855
	AC-7b	家用电动机负载	
	AC-51	无感或微感负载、电阻炉	IEC 60947-4-3
	AC-55a	控制放电灯的通断	
	AC-55b	白炽灯的通断	
	AC-56a	变压器通断	
	AC-56b	电容器组的通断	
交流和直流	A	无额定短时耐受电流要求的电路保护	GB 14048.2
	B	具有额定短时耐受电流要求的电路保护	
直流	DC-20	无载条件下"闭合"和"断开"电路	GB 14048.3
	DC-21	通断电阻负载,包括通断适中的过载	
	DC-22	通断电阻电感混合负载,包括通断适中的过载(例如并励电机)	
	DC-23	通断高电感负载(例如串励电动机)	

电流种类	类别	典 型 性 用	有关产品标准
直流	DC-1	无感或微感负载、电阻炉	GB 14048.4
	DC-3	并励电动机的起动、反接制动与反向运转①、点动②、电动机的动态分断	
	DC-5	串励电动机的起动、反接制动与反向运转①、点动②、电动机的动态分断	
	DC-6	白炽灯的通断	
	DC-12	控制电阻性负载和光电耦合器隔离的固态负载	GB 14048.5
	DC-13	控制电磁铁负载	
	DC-14	控制电路中有经济电阻的直流电磁铁负载	
	DC-40	配电线路包含有感应磁阻的阻性和点抗性负载	GB 14048.9
	DC-41	无感或微感负载、电阻炉	
	DC-43	并励电动机的起动、反接制动与反向运转①、点动②、电动机的动态分断	
	DC-45	串励电动机的起动、反接制动与反向运转①、点动②、电动机的动态分断	
	DC-46	白炽灯的通断	
	DC-12	控制电阻性负载和带光频隔离器的固态负载	GB/T 14048.10
	DC-13	控制电磁铁负载	
	DC-31	阻性负载	GB/T 14048.11
	DC-33	电动机负载或混合负载(包括电动机)	
	DC-36	白炽灯负载	

注:① 反接制动与反向运转是指当电动机正在运转时通过反接电动机原来的联接方式,使电动机迅速停止或反转。

② 点动是指在短时间内激励电动机一次或重复多次,以此使被驱动机械获得小的移动。

4 封闭电器的外壳防护等级
（引自 GB 14048.1—2006）

封闭电器的外壳防护等级应满足 GB 4208—2008 的规定，同时考虑下列的补充要求。

封闭电器的外壳防护等级第一位数码

IP	防止固体异物进入	防止人体接近危险部件
0	无防护	无防护
1	直径 50mm 的球形物体不得完全进入，不得触及危险部件	手背
2	直径 12.5mm 的球形物体不得完全进入，试指应与危险部件有足够的间隙	手指
3	直径 2.5mm 的试具不得进入	工具
4	直径 1.0mm 的试具不得进入	金属线
5	允许有限的灰尘进入（没有有害的沉积）	金属线
6	完全防止灰尘进入	金属线

封闭电器的外壳防护等级第二位数码

IP	防止进水造成有害影响	防水
0	无防护	无防护
1	防止垂直下落滴水，允许少量水滴入	垂直滴水
2	防止当外壳在 15°范围内倾斜时垂直下落滴水，允许少量水滴入	与垂直面成 15°滴水
3	防止与垂直面成 60°范围内淋水，允许少量水进入	少量淋水
4	防止任何方向的溅水，允许少量水进入	任何方向的溅水
5	防止喷水，允许少量水进入	任何方向的喷水
6	防止强烈喷水，允许少量水进入	任何方向的强烈喷水
7	防止 15cm~1m 深的浸水影响	短时间浸水
8	防止在有压力下长期浸水	持续浸水

封闭电器的外壳防护等级附加字母(可选择)

IP	要　　　求	防止人体接近危险部件
A 用于第一位数码为 0	直径 50mm 的球形物体进入到隔板,不得触及危险部件	手背
B 用于第一位数码为 0、1	试指进入最大为 80mm 不得触及危险部件	手指
C 用于第一位数码为 1、2	当挡盘部分进入时,直径为 2.5mm,长为 100mm 的金属线不得触及危险部件	工具
D 用于第一位数码为 2、3	当挡盘部分进入时,直径为 1.0mm,长为 100mm 的金属线不得触及危险部件	金属线

5 低压电器正常的使用、安装、运输条件
（GB 14048.1—2006）

1 正常使用条件。

1.1 周围空气温度

周围空气温度不超过+40℃,且 24h 内的平均温度差不超过+35℃。

周围空气温度的下限为—5℃。

对不具有外壳的电器,周围空气温度是指存在其周围的空气温度。对具有外壳的电器,周围空气温度是指外壳周围的空气温度。

注 1:对于使用在周围空气温度高于+40℃(例如在锻压车间、锅炉房、热带国家)或低于—5℃(例如—25℃,该要求是按 GB 7251.1 对用于户外的低压成套开关设备和控制设备提出的)的电器应根据有关产品标准(如适用时)或根据制造厂和用户的协议进行设计和使用。制造厂样本中给出的数据可代替上述协议。

注 2:有关产品标准应明确某些型式的电器(例如:断路器或起动器的过载继电器)的标准参考空气温度。

1.2 海拔

安装地点的海拔不超过 2000m。

注:对用于海拔高于 2000m 的电器,需考虑到空气冷却作用和介质强度的下降。对用于上述条件下运行的电气设备应根据制造厂和用户的协议进行设计和使用。

1.3 大气条件

1.3.1 湿度

最高温度为+40℃时,空气的相对湿度不超过 50％,在较低的温度下可以允许有较高的相对湿度,例如 20℃时达 90％。对由于温度变化偶尔产生的凝露应采取特殊的措施。

1.3.2 污染等级

污染等级与电器使用所处的环境有关。

注:电气间隙和爬电距离的微观环境确定对电器绝缘的影响,而不是电器的环境确定其影响。电气间隙或爬电距离的微观环境可能好于或差于电器的环境。微观环境包括所有影响绝缘的因素,例如:气候条件、电磁条件、污染的产生等。

对用在外壳中的电器或本身带有外壳的电器,其污染等级可选用壳内的环境污染等级。

为了便于确定电气间隙和爬电距离,微观环境可分为四个污染等级(不同污染等级的电气间隙和爬电距离见后面表格)。

污染等级1:

无污染或仅有干燥的非导电性污染。

污染等级2:

一般情况仅有非导电性污染,但是必须考虑到偶然由于凝露造成短暂的导电性。

污染等级3:

有导电性污染,或由于凝露使干燥的非导电性污染变为导电性的。

污染等级4:

造成持久性的导电性污染,例如由于导电尘埃或雨雪所造成的污染。

工业用电器的标准污染等级:

除非其他有关产品标准另有规定外,工业用电器一般适用于污染等级3的环境。但是,对于特殊的用途和微观环境可考虑采用其他的污染等级。

注:电器微观环境的污染等级可能受外壳安装方式的影响。

家用及类似用途电器的标准污染等级:

除非其他有关产品标准另有规定外,家用及类似用途电器一般适用于污染等级2的环境。

2 运输和储存条件

如果电器的运输和储存条件,例如温度和湿度,不同于1中规定的条件,制造厂和用户应达成一个特殊协议。除非另有规定,下列温度范围适用于运输储存:－25℃至＋55℃之间,短时间内,(24h 内)可达＋70℃。

处于极端温度下而不操作的电器不应承受不可逆的损坏,在置于正常条件下电器应能按规定正常操作。

3 安装

电器应按制造厂的说明书安装。

6 低压电器空气中最小电气间隙
(GB 14048.1—2006)

空气中最小电气间隙

额定冲击耐受电压 U_{imp} (kV)	最小电气间隙（mm）							
	情况 A 非均匀电场条件				情况 B 均匀电场条件			
	污染等级				污染等级			
	1	2	3	4	1	2	3	4
0.33	0.01				0.01			
0.5	0.04	0.2			0.04	0.2		
0.8	0.1		0.8	1.6	0.1		0.8	1.6
1.5	0.5	0.5			0.3	0.3		
2.5	1.5	1.5	1.5		0.6	0.6		
4	3	3	3	3	1.2	1.2	1.2	
6	5.5	5.5	5.5	5.5	2	2	2	2
8	8	8	8	8	3	3	3	3
12	14	14	14	14	4.5	4.5	4.5	4.5

注：空气中最小电气间隙是以 1.2/50μs 冲击电压为基础，其气压为 80kPa 相当于 2000m 海拔处正常大气压。

7 低压电器最小爬电距离（GB 14048.1—2006）

最小爬电距离

电器的额定绝缘电压或实际工作电压，交流有效值或直流[d] V	污染等级			承受长期电压的电器的最小爬电距离（mm）										
	1[e]	2[e]	1	2				3				4		
材料组别	a	b	c	I	II	III a	III b	I	II	III a	III b	I	II	III a
10	0.025	0.04	0.08	0.4	0.4	0.4	0.4	1	1	1	1	1.6	1.6	1.6
12.5	0.025	0.04	0.09	0.42	0.42	0.42	0.42	1.05	1.05	1.05	1.05	1.6	1.6	1.6
16	0.025	0.04	0.1	0.45	0.45	0.45	0.45	1.1	1.1	1.1	1.1	1.6	1.6	1.6
20	0.025	0.04	0.11	0.48	0.48	0.48	0.48	1.2	1.2	1.2	1.2	1.6	1.6	1.6
25	0.025	0.04	0.125	0.5	0.5	0.5	0.5	1.25	1.25	1.25	1.25	1.7	1.7	1.7
32	0.025	0.04	0.14	0.53	0.53	0.53	0.53	1.3	1.3	1.3	1.3	1.8	1.8	1.8
40	0.025	0.04	0.16	0.56	0.8	1.1	1.1	1.4	1.6	1.8	1.8	1.9	2.4	3
50	0.025	0.04	0.18	0.6	0.85	1.2	1.2	1.5	1.7	1.9	1.9	2	2.5	3.2
63	0.04	0.063	0.2	0.63	0.9	1.25	1.25	1.6	1.8	2	2	2.1	2.6	3.4

续表

承受长期电压的电器的最小爬电距离（mm）

电器的额定绝缘电压或实际工作电压，交流电压有效值或直流[d] V	污染等级 1[e] 材料组别 a	污染等级 2[e] 材料组别 b	污染等级 1 材料组别 c	污染等级 2 材料组别 I	II	IIIa · IIIb	污染等级 3 材料组别 I	II	IIIa	IIIb	污染等级 4 材料组别 I	II	III
80	0.063	0.1	0.22	0.67	0.95	1.3	1.7	1.9	2.1	2.1	2.2	2.8	3.6
100	0.1	0.16	0.25	0.71	1	1.4	1.8	2	2.2	2.2	2.4	3.0	3.8
125	0.16	0.25	0.28	0.75	1.05	1.5	1.9	2.1	2.4	2.4	2.5	3.2	4
160	0.25	0.4	0.32	0.8	1.1	1.6	2	2.2	2.5	2.5	3.2	4	5
200	0.4	0.63	0.42	1	1.4	2	2.5	2.8	3.2	3.2	4	5	6.3
250[f]	0.56	1	0.56	1.25	1.8	2.5	3.2	3.6	4	4	5	6.3	8
320	0.75	1.6	0.75	1.6	2.2	3.2	4	4.5	5	5	6.3	8	10
400	1	2	1	2	2.8	4	5	5.6	6.3	6.3	8	10	12.5
500	1.3	2.5	1.3	2.5	3.6	5	6.3	7.1	8	8	10	12.5	16
630	1.8	3.2	1.8	3.2	4.5	6.3	8	9	10	10	12.5	16	20
800	2.4	4	2.4	4	5.6	8	10	11	12.5	c	16	20	25
1000	3.2	5	3.2	5	7.1	10	12.5	14	16	c	20	25	32

	40	32	25		20	18	16	12.5	9	6.3	4.2	
1250	40	32	25		20	18	16	12.5	9	6.3	4.2	—
1600	50	40	32		25	22	20	16	11	8	5.6	—
2000	63	50	40		32	28	25	20	14	10	7.5	—
2500	80	63	50		40	36	32	25	18	12.5	10	—
3200	100	80	63	c	50	45	40	32	22	16	12.5	—
4000	125	100	80		63	56	50	40	28	20	16	—
5000	160	125	100		80	71	63	50	36	25	20	—
6300	200	160	125		100	90	80	63	45	32	25	—
8000	250	200	160		125	110	100	80	56	40	32	—
10000	320	250	200		160	140	125	100	71	50	40	—

a 材料组别 I、II、IIIa、IIIb。

b 材料组别 I、II、IIIa。

c 该区域的爬电距离尚未确定，因此材料组别 IIIb 一般不推荐用在污染等级 3、电压 630V 以上和污染等级 4。

d 作为例外，额定绝缘电压 127V、208V、415/440V、660/690V、830V 的爬电距离可采用相应的较低的电压值 125V、200V、630V 和 800V 的爬电距离。

e 印刷线路材料专用的最小爬电距离可以在此两列数值中选定。

f 对应 250V 的爬电距离值可用于 230V(±10%)标称电压。

注：绝缘在实际工作电压 32V 及以下不会产生电痕化，但必须考虑电解腐蚀的可能性，因此规定最小爬电距离。